初学者でもわかりやすいスーパー解法シリーズ

豊富な例題で解法を実践学習する

アナログ回路
ポイントトレーニング

浅川 毅・堀 桂太郎 共著

電波新聞社

はじめに

　問題を解く実力を身につけることに関して，関連する多くの基礎知識を着実に身につけ，根気強くこつこつと積み上げるというアプローチが定石であるとするならば，本書は定石から少し脇道にそれたものとなる。本スーパー解法シリーズは，「電気回路ポイントトレーニング」，「アナログ回路ポイントトレーニング」，「ディジタル回路ポイントトレーニング」の3冊構成とし，電気回路，アナログ回路，ディジタル回路に関する問題を細分し，必要な項目ごとに実力が身に付くようにした。すなわち，「手っ取り早く」そして「分かりやすく」力を身につけるための本である。

　著者らは約35年の間，電気，電子，情報に関する分野で学生たちと共に回路の解法について取り組んできた。教科書に従って基礎知識を養い，その応用として自らで回路を解く者や，解法のスマートさに感心させられることもあった。しかし，基礎知識は十分に身についているが，なかなか解にたどり着けない者も多く見られた。これらの学生に共通することは，基礎知識を組み合わせて解へ導く過程のどこかでつまずき，あと一歩が乗り越えられないのである。解法を理解すれば難なく解けるのである。著者らは，持ち合わせた知識から必要な部分を道具のごとく利用して，解答へむけてほぐしたり紡いだりすることを解法と考えている。

　本シリーズは，電気回路，アナログ回路，ディジタル回路に関して幅広く問題を取り上げ，解法（解き方）に視点をあてて書いたものである。各節は全て「ポイント」，「例題」，「練習問題」で構成し，始めの「ポイント」では，問題を解く上で必要とされる知識に絞り，解説を行った。続く例題を通して問題の解法を丁寧に示した。最後の「練習問題」では，実力が身に付いたことを確認するための問題を用意した。巻末の解答は，略解とせずに詳しい解法と解答を示した。また，節ごとに示した「キーワード」によって，あらかじめ節の概要を確認することができるので，索引と併用して活用いただきたい。

本書はアナログ回路の分野を次の6章で構成した。第1章「電子デバイスの基礎」，第2章「トランジスタ回路」，第3章「FET回路」，第4章「各種の増幅回路」，第5章「オペアンプ回路」，第6章「発振回路」。これらの各節については，その独立性に配慮して解説した。必要なところから始める，演習問題が解けない箇所を取り組むなど，それぞれの読者に合った方法で効率良く進めて頂きたい。

　最後に，本書の出版を強く勧めて頂いた電波新聞社の細田武男氏と太田孝哉氏の両氏に厚く感謝の意を表したい。

2019年7月　著者ら記す

目次

はじめに　iii

1章　電子デバイスの基礎　　1

- 1.1　ダイオード ……………………………………………………………… *2*
  - 練習問題　1 ………… *7*
- 1.2　トランジスタ …………………………………………………………… *8*
  - 練習問題　2 ………… *13*
- 1.3　電界効果トランジスタ（FET）………………………………………… *16*
  - 練習問題　3 ………… *22*

2章　トランジスタ回路　　23

- 2.1　トランジスタの静特性 ………………………………………………… *24*
  - 練習問題　4 ………… *29*
- 2.2　増幅回路 ………………………………………………………………… *30*
  - 練習問題　5 ………… *35*
- 2.3　負荷線 …………………………………………………………………… *36*
  - 練習問題　6 ………… *41*
- 2.4　バイアス回路 …………………………………………………………… *42*
  - 練習問題　7 ………… *48*
- 2.5　h 定数 …………………………………………………………………… *51*
  - 練習問題　8 ………… *56*
- 2.6　等価回路 ………………………………………………………………… *57*
  - 練習問題　9 ………… *62*
- 2.7　トランジスタ負帰還増幅回路 ………………………………………… *63*
  - 練習問題　10 ………… *69*
- 2.8　デシベル ………………………………………………………………… *70*
  - 練習問題　11 ………… *75*

3章 FET回路　　79

- 3.1 FETのバイアス回路　　*80*
  - 練習問題 12　　*86*
- 3.2 FETの等価回路　　*87*
  - 練習問題 13　　*92*
- 3.3 FET増幅回路　　*93*
  - 練習問題 14　　*98*
- 3.4 FET負帰還増幅回路　　*101*
  - 練習問題 15　　*106*

4章 各種の増幅回路　　107

- 4.1 電圧フォロア回路　　*108*
  - 練習問題 16　　*114*
- 4.2 差動増幅回路　　*115*
  - 練習問題 17　　*120*
- 4.3 電力増幅回路　　*121*
  - 練習問題 18　　*127*

5章 オペアンプ回路　　131

- 5.1 オペアンプ回路　　*132*
  - 練習問題 19　　*138*
- 5.2 オペアンプ増幅回路　　*139*
  - 練習問題 20　　*145*
- 5.3 オペアンプの応用回路　　*146*
  - 練習問題 21　　*152*

6章　発振回路　　　155

- 6.1　発振回路の基礎 …………………………………………… *156*
  - 練習問題 22 ………… *162*
- 6.2　RC発振回路 ………………………………………………… *163*
  - 練習問題 23 ………… *170*
- 6.3　LC発振回路 ………………………………………………… *173*
  - 練習問題 24 ………… *179*
- 6.4　電圧制御発振回路 …………………………………………… *180*
  - 練習問題 25 ………… *186*

練習問題の解答　　　189

- **1章**　電子デバイスの基礎 ……………………………………… *190*
  - 練習問題　1…*190* ／練習問題　2…*190* ／練習問題　3…*190*
- **2章**　トランジスタ回路 ………………………………………… *191*
  - 練習問題　4…*191* ／練習問題　5…*191* ／練習問題　6…*191*
  - 練習問題　7…*191* ／練習問題　8…*192* ／練習問題　9…*192*
  - 練習問題 10…*192* ／練習問題 11…*193*
- **3章**　FET回路 …………………………………………………… *194*
  - 練習問題 12…*194* ／練習問題 13…*194* ／練習問題 14…*194*
  - 練習問題 15…*194*
- **4章**　各種の増幅回路 …………………………………………… *196*
  - 練習問題 16…*196* ／練習問題 17…*196* ／練習問題 18…*196*
- **5章**　オペアンプ回路 …………………………………………… *197*
  - 練習問題 19…*197* ／練習問題 20…*197* ／練習問題 21…*197*
- **6章**　発振回路 …………………………………………………… *199*
  - 練習問題 22…*199* ／練習問題 23…*199* ／練習問題 24…*199*
  - 練習問題 25…*200*

Q&A 1	トランジスタのスイッチング動作 …………… *14*
Q&A 2	バイアス回路はなぜ必要か …………………… *49*
Q&A 3	入出力インピーダンスの値 …………………… *99*
Q&A 4	増幅回路の級 …………………………………… *128*
Q&A 5	オペアンプとコンパレータ …………………… *153*
Q&A 6	非安定マルチバイブレータ …………………… *171*

| コラム | EMC試験の必要性 …………………………… *76* |
| コラム | ダイレクト・ディジタル・シンセサイザ(DDS) …… *187* |

1章 電子デバイスの基礎

電気回路では，抵抗，コンデンサ，コイルを構成要素とします。これらの要素の特性は定数で示され，回路を解く際に数式中で使われます。これに対して，電子回路で使われるダイオードやトランジスタは，動作条件によって曲線的な振る舞いをするため，その特性を定数で表現することが困難です。そのため，電子回路の動作条件を正確に把握して回路を解く必要があります。

本章では，電子回路の基礎となるダイオードやトランジスタなどの電子デバイスの基本事項について学習します。

1章 電子デバイスの基礎

1.1 ダイオード

キーワード

ダイオード　アノード　カソード　順方向　逆方向　順方向電圧
順方向電流　逆方向電流　逆方向電圧　静特性　動特性

ポイント

(1) ダイオードの図記号

ダイオード(diode)は，アノード(anode)とカソード(cathode)と呼ばれる2端子の半導体素子です。ダイオードの図記号を示します。

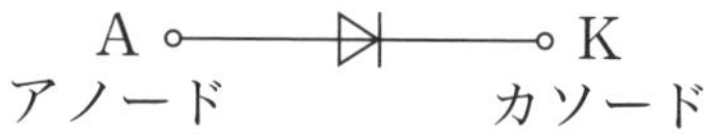

図1-1　ダイオードの図記号

(2) ダイオードの性質

アノードからカソードへの方向を順方向といい，カソードからアノードへの方向を逆方向といいます。順方向は電流を流しやすく，逆方向は電流をほとんど流さない性質を持ちます。

図1-2　順方向と逆方向

順方向に電圧が加わる場合の回路の特性は，順方向電流 I_F，順方向電圧 V_F，順方向抵抗 r_F で示されます。

逆方向に電圧が加わる場合の回路の特性は，逆方向電流 I_R，逆方向電圧 V_R，逆方向抵抗 r_R（ダイオードの内部抵抗）で示されます。

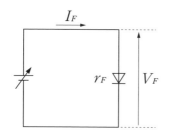

図1-3　順方向回路

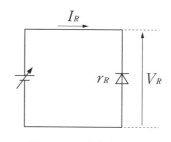

図1-4　逆方向回路

(3) 静特性

ダイオードの電流−電圧特性を静特性（static characteristics）といいます。

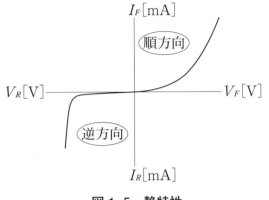

図 1-5　静特性

(4) 動特性

ダイオードに直列に抵抗を接続した回路における電流−電圧特性を動特性（dynamic characteristics）といいます。

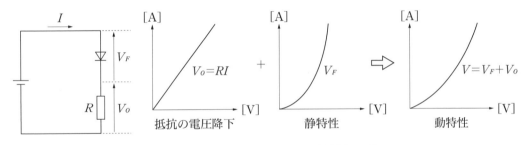

図 1-6　動特性　　　　図 1-7　動特性のグラフ

(5) 動特性の利用

ダイオード回路に交流電圧を加えたときに流れる電流は，動特性のグラフより求めることができます。

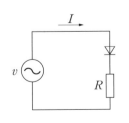

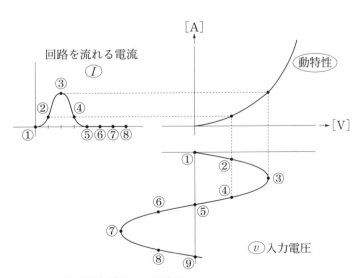

図 1-8　動特性グラフの利用

例題 1

図(a)のダイオード回路における順方向抵抗 r_F と図(b)における逆方向抵抗 r_R の値を求めよ。

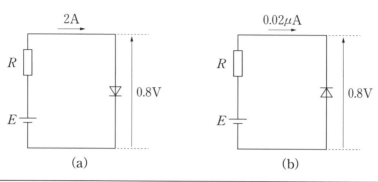

解き方

ダイオードを抵抗として考え，オームの法則を適用します。

解答

(a) $r_F = \dfrac{V_F}{I_F} = \dfrac{0.8}{2} = 0.4\,\Omega$

(b) $r_R = \dfrac{V_R}{I_R} = \dfrac{0.8}{0.02 \times 10^{-6}} = 40 \times 10^6 = 40\,\text{M}\Omega$

例題 2

図(a)の交流波形を(b)のダイオード回路に加えたときに，出力 v_R に現れる波形のイメージを示すものを(1)～(5)より選べ。

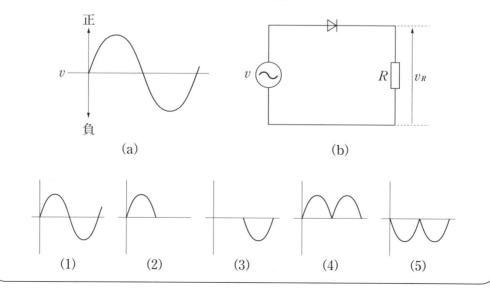

1.1 ダイオード

|解き方|

ダイオードの特性を大まかに捉えて，順方向のみに電流が流れて，逆方向には電流が流れないと考えます。

|解答|

(2) 信号 v が正の値のときのみ電流が流れます。

|例題|3

図(a)に示すダイオードの静特性のグラフを用いて，図(b)の回路に信号(c)を加えたときの出力電流 I_r を作図せよ。

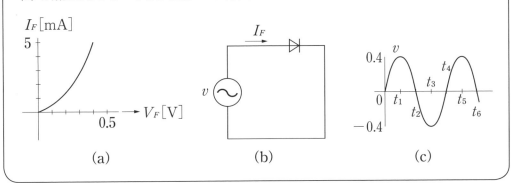

(a)　　　　　　　(b)　　　　　　　(c)

|解き方|

グラフより順方向電圧 V_F に対する順方向電流 I_F を読み取り，時刻 $0 \sim t_2$, $t_4 \sim t_6$ について作図します。逆方向電圧の $t_2 \sim t_4$ の場合は，電流値を 0 とします。

|解答|

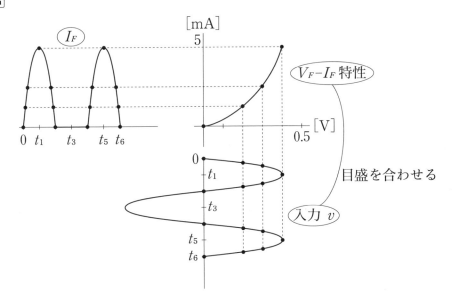

例題 4

図の回路において，ダイオードの動特性を示す表を作成する。表には，ダイオードの静特性のグラフより順方向電流 I_F と順方向電圧 V_F の関係が示されている。表の空欄(1)から(4)の値を求めよ。

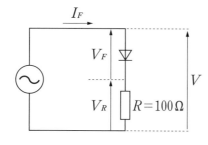

I_F [mA]	1	2	3	5
V_F [V]	0.32	0.45	0.55	0.65
V [V]	(1)	(2)	(3)	(4)

解き方

動特性を示す電圧 V は，静特性の V_F 値に抵抗による電圧降下 V_R を加えたものとなります。

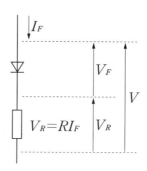

解答

(1) $V = V_F + V_R = V_F + RI_F = 0.32 + 100 \times 1 \times 10^{-3} = 0.42$ V

(2) $V = V_F + V_R = V_F + RI_F = 0.45 + 100 \times 2 \times 10^{-3} = 0.65$ V

(3) $V = V_F + V_R = V_F + RI_F = 0.55 + 100 \times 3 \times 10^{-3} = 0.85$ V

(4) $V = V_F + V_R = V_F + RI_F = 0.65 + 100 \times 5 \times 10^{-3} = 1.15$ V

練習問題 1

1 図の回路に $v = 100\sqrt{2}\sin\omega t$ [V] の入力電圧が加わったとき，抵抗 R に流れる電流 I と電圧 V の波形を示せ。ただし，ダイオードの順方向抵抗を $0\,\Omega$，逆方向抵抗を $\infty\,[\Omega]$ として考えよ。

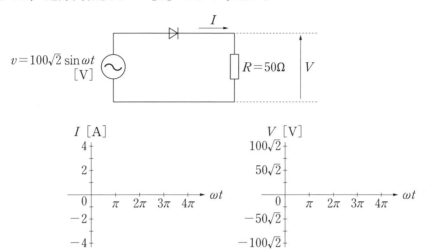

2 図(a)に示す回路および図(b)に示すダイオードの静特性を用いて，次の問いに答えよ。

(1) 動特性のグラフを示せ。

(2) 動特性グラフを使用して回路を流れる電流 I を示せ。

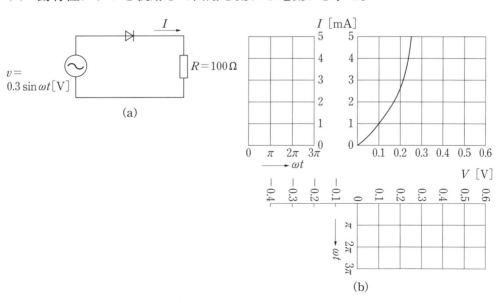

1.2 トランジスタ

1章 電子デバイスの基礎

キーワード

トランジスタ　バイポーラトランジスタ　ユニポーラトランジスタ　FET
NPN形　PNP形　ベース　エミッタ　コレクタ　増幅作用
スイッチング作用　エミッタ接地　ベース接地　コレクタ接地　電流増幅率

ポイント

(1) トランジスタの分類

トランジスタ（transistor）は，バイポーラトランジスタ（bipolar transistor）とユニポーラトランジスタ（unipolar transistor）に大別されます。単にトランジスタといった場合はバイポーラトランジスタを指し，FET（次節で学ぶ）といった場合はユニポーラトランジスタを指すのが一般的です。これは，トランジスタがコレクタ電流を自由電子と正孔（ホール）の2種類（bi）の作用によって制御するのに対し，FETがドレイン電流を自由電子，または正孔のどちらか1種類（uni）の作用によって制御するためです。

(2) トランジスタの図記号

トランジスタは，ベース（base），エミッタ（emitter），コレクタ（collector）の3端子を持ちます。ベースへの電流でエミッタ－コレクタ間を制御します。内部構造によってNPN形とPNP形とがあり，電流の方向が異なります。

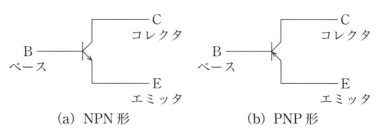

図1-9　バイポーラトランジスタの図記号

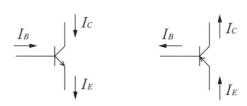

(a) NPN形　　(b) PNP形

図1-10　電流の方向

(3) トランジスタの働き

トランジスタの働きは，大別して増幅作用とスイッチング作用とに分けられます。トランジスタは，ベースに与える信号によってスイッチングや増幅度（電流や電圧）の制御を行います。

(4) トランジスタの接地方式

3端子であるトランジスタを入出力の4端子に対応するためには，端子の一つを入出力で共通に扱う必要があります。この共通に扱われる端子によって，エミッタ接地，ベース接地，コレクタ接地と呼びます。

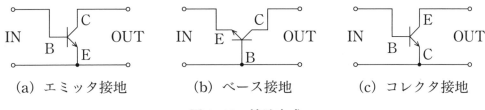

(a) エミッタ接地　　(b) ベース接地　　(c) コレクタ接地

図 1-11　接地方式

(5) 電流増幅率

図のエミッタ接地回路において，トランジスタに加わる電圧と流れる電流の名称を示します。

V_{BE}　ベース－エミッタ間電圧
V_{CE}　コレクタ－エミッタ間電圧
I_E　エミッタ電流
I_C　コレクタ電流
I_B　ベース電流

図 1-12　エミッタ接地回路

ここで，$I_E = I_C + I_B$ が成立します。 ……………………………………… 式 1.1

トランジスタの入力電流に対する出力電流の割合を電流増幅率といい，エミッタ接地の電流増幅率を

$$\beta = \frac{I_C}{I_B} \quad \text{……………………………………………… 式 1.2}$$

と定義します。また，ベース接地の場合の電流増幅率は，

$$\alpha \text{（または } h_{FE}\text{）} = \frac{I_C}{I_E} \quad \text{……………………………………… 式 1.3}$$

と定義します。

α と β の間には，

$$\beta = \frac{\alpha}{1-\alpha} \quad \cdots\cdots\cdots 式1.4$$

$$\alpha = \frac{\beta}{1+\beta} \quad \cdots\cdots\cdots 式1.5$$

が成立します。

例題 1

図の(a),(b)の(1)～(6)に各電極の名前を,(7)～(8)にNPN形かPNP形かを示しなさい。

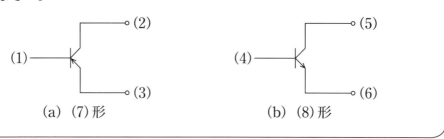

(a) (7)形　　　　(b) (8)形

解き方

トランジスタ記号の矢印はベースとエミッタ間の電流の流れを示し,電流はP→Nへと流れます。すなわち(a)では,エミッタ(P)→ベース(N)であり,(b)では,ベース(P)→エミッタ(N)です。また,エミッタとコレクタは同じ形であり,たとえば,エミッタがP形であればコレクタもP形となります。

解答
(1) ベース　　(2) コレクタ　　(3) エミッタ　　(4) ベース
(5) コレクタ　　(6) エミッタ　　(7) PNP　　(8) NPN

例題 2

図の回路(a),(b)のそれぞれについて次の問に答えよ。

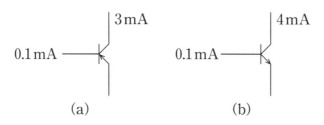

(a)　　　　　　　　(b)

(1) ベース電流I_B,エミッタ電流I_E,コレクタ電流I_Cの向きを記入せよ。
(2) エミッタ電流I_Eを求めよ。

1.2 トランジスタ

【解き方】

(1) エミッタ電流はトランジスタの図記号のエミッタの矢印の方向に流れます。このエミッタ電流の向きに従って（逆らわないように），ベース電流とコレクタ電流の方向を示します。

(2) エミッタ電流 I_E，コレクタ電流 I_C，ベース電流 I_B との間には，$I_E = I_C + I_B$ の関係が成立します。

【解答】

(1) 下図に電流の向きを示します。

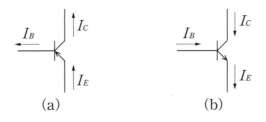

(2) $I_E = I_C + I_B$ より

回路(a)では，$I_E = I_C + I_B = 3 + 0.1 = 3.1\,\mathrm{mA}$

回路(b)では，$I_E = I_C + I_B = 4 + 0.1 = 4.1\,\mathrm{mA}$

【例題 3】

図の回路において，V_{BE}，V_{CE} の値を求めよ。

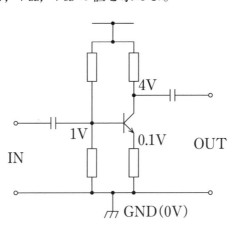

【解き方】

V_{BE} はベースとエミッタ間の電位差，V_{CE} はコレクタとエミッタの電位差です。GND を基準（0 V）として，それぞれの電位差を求めます。

解答

$V_{BE} = V_B - V_E = 1 - 0.1 = 0.9 \text{ V}$

$V_{CE} = V_C - V_E = 4 - 0.1 = 3.9 \text{ V}$

> **例題 4**
>
> トランジスタの増幅回路において,エミッタ接地回路の場合の電流増幅率は,$\beta = \dfrac{I_C}{I_B}$である。βが80の場合を考え,以下の問いに答えよ。
>
> (1) コレクタ電流$I_C = 2 \text{ mA}$の電流を出力するために必要なベース電流I_Bは何[mA]以上か。
> (2) このトランジスタを用いてベース接地回路を構成した場合の電流増幅率αを求めよ。

解き方

(1) エミッタ接地の電流増幅率の式$\beta = \dfrac{I_C}{I_B}$より,I_Cが2 mAとなるI_Bを求めます。

(2) $I_E = I_B + I_C$の式を用いてI_Eを求め,ベース接地の電流増幅率の式$\alpha = \dfrac{I_C}{I_E}$へ代入します。

解答

(1) $\beta = \dfrac{I_C}{I_B}$ より $I_B = \dfrac{I_C}{\beta} = \dfrac{2 \times 10^{-3}}{80} = 25 \times 10^{-6} = 25 \, \mu\text{A}$

(2) $I_E = I_B + I_C$, $\alpha = \dfrac{I_C}{I_E}$ より $\alpha = \dfrac{I_C}{I_B + I_C}$,式に$I_C = 2 \text{ mA}, I_B = 25 \, \mu\text{A}$を代入します。

$\alpha = \dfrac{I_C}{I_B + I_C} = \dfrac{2 \times 10^{-3}}{2 \times 10^{-3} + 25 \times 10^{-6}} \fallingdotseq 0.99$

練習問題 2

1 図の(1)〜(2)に示す図記号が示すものを，次の(a)〜(b)より選び答えよ。

(a) NPN形トランジスタ
(b) PNP形トランジスタ

2 図のトランジスタに示す電流①〜③および電圧④〜⑤を記号で答えよ。

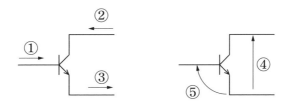

3 エミッタ接地回路の電流増幅率 β が100のトランジスタを用いて，ベース接地回路を構成した場合の電流増幅率 α を求めよ。

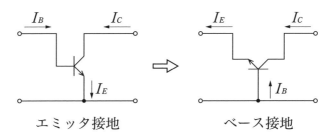

エミッタ接地　　　　ベース接地

Q&A 1 トランジスタのスイッチング作用

Q トランジスタの働きには，増幅作用とスイッチング作用があることを学びました。増幅作用は入力信号を大きく（増幅）して出力することですが，スイッチング作用とはどのような働きのことのことでしょうか？

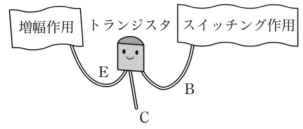

図 トランジスタの働き

A トランジスタの特性については，次章で説明しますが，ここでもトランジスタの入出力特性を見てみましょう。次の回路を使って，トランジスタのベースに流す入力電流 I_B を変えたとき，コレクタに流れる出力電流 I_C の変化を $I_B - I_C$ 特性としてグラフにしました。

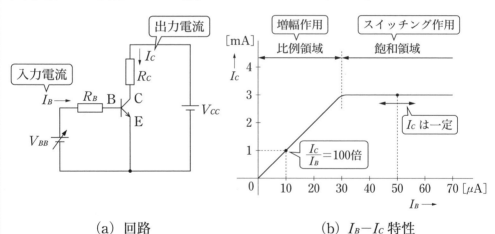

(a) 回路　　　　　　　　　(b) $I_B - I_C$ 特性

図 トランジスタの特性

このグラフでは，I_B の単位が［μA］なのに対して，I_C の単位は［mA］です。つまり，I_C が I_B より1000倍大きい単位になっています。例えば，グラフにおいて，$I_B = 10\,\mu\text{A}$ のとき，$I_C = 1\,\text{mA}$ ですから，電流の増幅度は，次のように計算できます。

$$1\,\text{mA} \div 10\,\mu\text{A} = 1000\,\mu\text{A} \div 10\,\mu\text{A} = 100\,倍$$

14

入力電流I_Bを大きくしていくと，出力電流I_Cも大きくなっていきますが，この関係が成り立っている比例領域ではトランジスタが増幅作用を行っています。

　しかし，入力電流I_Bをさらに大きくしていくと，出力電流I_Cの値がもうそれ以上は大きくならない飽和領域になります。この飽和領域は，トランジスタの増幅作用が限界に達している状態です。このまま，入力電流I_Bを大きくしていくと，やがてトランジスタが壊れます。このため，トランジスタに増幅作用をさせたい場合は，飽和領域で使用することはできません。

　しかし，トランジスタを飽和領域で活用することもできます。例えば，グラフにおいて，$I_B=50\mu A$のとき，$I_C=3mA$で飽和しています。ここで，I_Bに流す電流を$0\mu A$か$50\mu A$のどちらか一方にします。

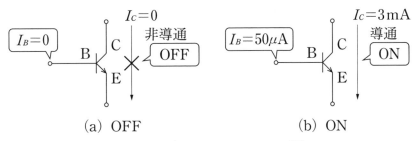

(a) OFF　　　　　　　　(b) ON
図　トランジスタのスイッチング作用

すると，$I_B=0\mu A$のときは$I_C=0mA$，$I_B=50\mu A$のときは$I_C=3mA$となります。これは，ベースに電流を流すかどうかで，コレクタ―エミッタ間に電流を流すかどうかを制御できることを意味しています。しかも，ベースに流すI_Bが多少変動したとしても，飽和領域なのでI_Cの値は一定です。これがトランジスタのスイッチング作用です。このように，飽和領域ではトランジスタを電子スイッチとして使用することができます。

1.3 電界効果トランジスタ(FET)

1章 電子デバイスの基礎

キーワード
電界効果形トランジスタ　FET　接合形　MOS形　nチャネル
pチャネル　ゲート　ソース　ドレイン　増幅作用　スイッチング作用
ソース接地　ゲート接地　ドレイン接地　ドレイン抵抗
相互コンダクタンス　増幅率

ポイント

(1) 電界効果トランジスタ（FET）の分類

電解効果トランジスタ（field-effect transistor）は，英語表記の頭文字をとってFETと呼ばれます。FETは，構造によって接合形とMOS（metal oxide semiconductor）形に分類されます。さらに，MOS形は動作特性によってデプレション（depletion）形とエンハンスメント（enhancement）形に分類されます。また，MOS形は集積化に適しているので，多くのIC（integrated circuit：集積回路）に使われています。

(2) FETの図記号

FETは，ゲート（gate），ソース（source），ドレイン（drain）の3端子を持っており，各端子は英語の頭文字を用いて，それぞれG, S, Dと標記されます。また，nチャネル（N-channel）とpチャネル（P-channel）では，電流の方向が異なります。

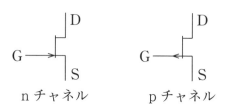

nチャネル　　　pチャネル

図1-13　接合形FETの図記号

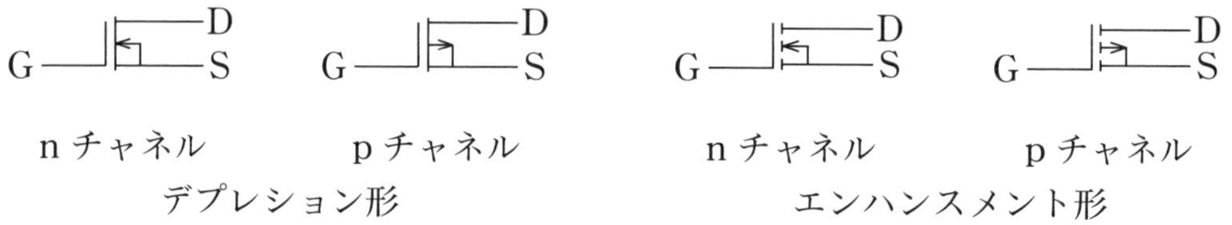

nチャネル　　pチャネル　　　　nチャネル　　pチャネル
デプレション形　　　　　　　エンハンスメント形

図1-14　MOS形FETの図記号

(3) FETの働き

FETは，入力インピーダンスが極めて高く，消費電力や雑音が少ないなどの特徴を持っていて，トランジスタと同じように，増幅作用（amplification）やス

イッチング作用（switching）を行う働きをします。FETでは，ゲート電圧によってソース－ドレイン間に流れる電流を制御することでスイッチングや電流や電圧の増幅度の制御を行います。

(4) FETの接地方式

3端子であるFETを入出力の4端子に対応するためには，端子の一つを入出力で共通に扱う必要があります。この共通に扱われる端子によって，ソース接地，ゲート接地，ドレイン接地とよびます。

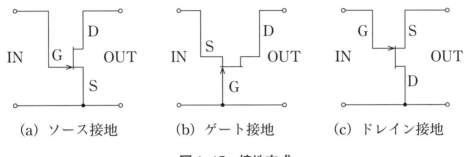

(a) ソース接地　　(b) ゲート接地　　(c) ドレイン接地

図1-15　接地方式

(5) 増幅率

図のソース接地のFET回路において，FETに加わる電圧と流れる電流の名称を示します。FETは，$I_G ≒ 0$の状態で使用するので，$I_D = I_S$と考えます。FETの入力電圧と出力電圧の変化量の割合を増幅率といい，ソース接地の増幅率（amplification factor）を以下のように定義します。記号Δは，変化量を表しています。

$$\mu = \frac{\Delta V_{DS}}{\Delta V_{GS}} \quad \cdots\cdots 式1.6$$

また，ドレイン－ソース間の抵抗r_d（出力インピーダンス）と相互コンダクタンス（mutual conductance）g_mを次のように定義します。

$$r_d = \frac{\Delta V_{DS}}{\Delta I_D} \quad \cdots\cdots 式1.7$$

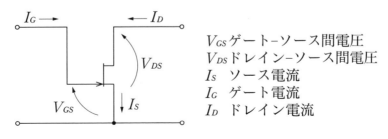

V_{GS} ゲート－ソース間電圧
V_{DS} ドレイン－ソース間電圧
I_S　ソース電流
I_G　ゲート電流
I_D　ドレイン電流

図1-16　ソース接地回路

$$g_m = \frac{\Delta I_D}{\Delta V_{GS}} \quad \cdots\cdots 式1.8$$

これらの3定数の間には，次の関係が成り立ちます．

$$\mu = g_m \cdot \gamma_d \quad \cdots\cdots 式1.9$$

例題 1

図の (a)，(b) の(1)～(6)に各電極の名前を，(7)～(8)にnチャネルかpチャネルかを示しなさい．

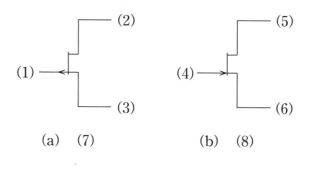

解き方

図は，接合形FETの図記号であり，ゲート(G)には矢印が記され，ゲートと直線で繋がっている端子がソース(S)です．電流は，ドレイン(D)－ソース(S)間を流れるが，(a)のpチャネルでは，ソース(S)→ドレイン(D)，(b)のnチャネルでは，ドレイン(D)→ソース(S)に流れます．また，ゲートに流れる電流は，ゼロと考えてかまいません．

解答

(1)ゲート　　(2)ドレイン　　(3)ソース　　(4)ゲート　　(5)ドレイン
(6)ソース　　(7)pチャネル　　(8)nチャネル

例題 2

図の(a),(b)の(1)～(6)に各電極の名前を,(7)～(8)にnチャネルかpチャネルかを,(9)～(10)にデプレション形かエンハンスメント形かを示しなさい。

```
(1)─┐╷    ─(2)           (4)─┐╷    ─(5)
    └┤▶    ─(3)              └┤▶    ─(6)

      (a)  (7)                  (b)  (8)
           (9)   形                   (10)   形
```

解き方

図は,MOS形FETの図記号です。矢印の向きによってnチャネルかpチャネルかを区別します。また,ドレインとソースに繋がる内部の線が,実線であるのがデプレション形,破線であるのがエンハンスメント形です。接合形FETは,ゲートに負の電圧をかけて使用するデプレション形ですが,MOS形FETにはゲートに負または正の電圧をかけて使用するデプレション形と,ゲートに正の電圧のみをかけて使用するエンハンスメント形があります。

解答

(1)ゲート　　(2)ドレイン　　(3)ソース　　(4)ゲート　　(5)ドレイン　　(6)ソース
(7)pチャネル　　(8)nチャネル　　(9)エンハンスメント形　　(10)デプレション形

例題 3

図の回路について次の問に答えなさい。

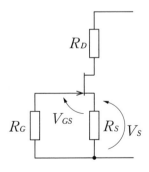

(1) ドレイン電流I_D,ソース電流I_Sの向きを記入しなさい。
(2) ゲート電流I_Gについては,どのように考えればよいでしょうか。
(3) ゲート－ソース間の電圧V_{GS}と抵抗R_Sの端子電圧V_Sの関係を式で示しなさい。

解き方

(1) nチャネルFETでは，ドレイン電流I_D，ソース電流I_Sとも，ドレインからソースに向かう方向に流れます。

(2) ゲート電流I_Gは，ゼロすなわち流れないと考えてかまいません。FETでは，ゲートに電圧をかけることによって，内部で電流が流れる通路（チャネル）の広さを制御しています。

(3) ゲート電流I_Gをゼロとすれば，抵抗R_Gでの電圧降下もゼロです。このため，$V_{GS}+V_S=0$となります。

解答

(1) 下図に電流の向きを示します。

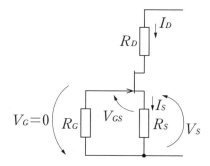

(2) ゲート電流$I_G=0$と考えてよい。

(3) $V_{GS}=-V_S$です。

1.3 電界効果トランジスタ（FET）

例題 4

図のソース接地の FET 増幅回路において，以下の問いに答えなさい。

(1) I_D が一定のとき，V_{GS} が 0.1 V 変化したのに応じて V_{DS} が 15 V 変化した。この場合の増幅率 μ を求めなさい。

(2) ドレイン－ソース間の抵抗 r_d が 100 kΩ である場合の相互コンダクタンス g_m を求めなさい。

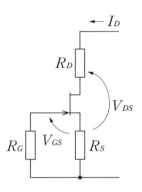

解き方

(1) μ は，FET の $\dfrac{出力電圧}{入力電圧}$ ですから $\dfrac{\varDelta V_{DS}}{\varDelta V_{GS}}$ で計算できます。

(2) μ, g_m, r_d, の間には，$\mu = g_m \cdot r_d$ の関係が成立します。これを g_m の式に変形して，(1)で求めた μ と与えられた r_d を代入します。

解答

(1) $\mu = \dfrac{\varDelta V_{DS}}{\varDelta V_{GS}} = \dfrac{15}{0.1} = 150$

(2) $g_m = \dfrac{\mu}{r_d} = \dfrac{150}{100 \times 10^3} = 1.5\,\mathrm{mS}$

練習問題 3

1 図の(1)〜(4)に示すFETの図記号が示すものを，次の(a)〜(d)より選び答えなさい。

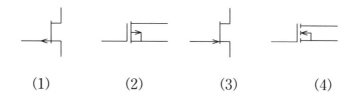

(1)　　　　　(2)　　　　　(3)　　　　　(4)

(a) nチャネルMOS形(エンハンスメント形)　(b) nチャネル接合形FET
(c) PチャネルMOS形(デプレション形)　　　(d) pチャネル接合形FET

2 図のFETに示す電流①〜③および電圧④〜⑤を記号で答えなさい。

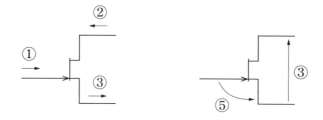

3 図の増幅回路について，以下の問に答えなさい。
(1) 接地方式の名称を答えなさい。
(2) ①〜④に適する記号を答えなさい。
(3) μ, g_m, r_d, の間に成立する関係式を答えなさい。

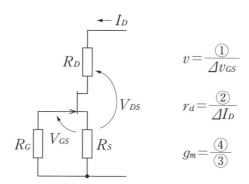

$$v = \frac{①}{\Delta v_{GS}}$$

$$r_d = \frac{②}{\Delta I_D}$$

$$g_m = \frac{④}{③}$$

2章 トランジスタ回路

トランジスタは，単体として増幅回路やスイッチング回路に使用されるほか，マイクロプロセッサやディジタルLSIの内部などの直接見えないところで非常に多くの構成要素として使われています。

本章では，トランジスタの基本回路の解法として，トランジスタの三つの静特性，増幅回路の計算法，負荷線の使い方，バイアス回路により動作点を設定する方法について学習します。また，トランジスタの特性をh定数で表現し，等価回路として扱う方法や増幅度のデシベル表現について取り上げます。

2章 トランジスタ回路
2.1 トランジスタの静特性

キーワード

静特性　エミッタ接地　I_B-V_{BE}特性　入力特性　I_C-I_B特性
電流伝達特性　I_C-V_{CE}特性　出力特性　増幅作用

ポイント

(1) エミッタ接地における静特性

ダイオードの場合と同様にトランジスタ単体における電気的特性を静特性 (static characteristic curve) といいます。トランジスタの規格表（データシート）では，一般的にエミッタ接地の静特性が示されています。以下に代表的な静特性を示します。

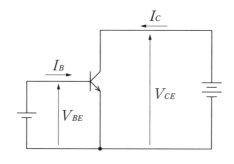

図2-1　エミッタ接地

・I_B-V_{BE}特性：入力特性
・I_C-I_B特性：電流伝達特性
・I_C-V_{CE}特性：出力特性

(2) I_B-V_{BE}特性

I_B-V_{BE}特性は，コレクタ－エミッタ間の電圧V_{CE}の値を固定して，入力電流I_Bと入力電圧V_{BE}（ベース－エミッタ間電圧）の関係を示したものです。増幅作用では，I_B-V_{BE}特性の直線部を使用します。エミッタ接地回路においては，信号入力電圧v_{in}に直流電圧V_{BB}を重ねて下駄を履かせます。

$$V_{BE} = V_{BB} + v_{in} \text{ [V]} \quad \text{式 2.1}$$

ここでベース直流電流I_{BB}とコレクタ直流電流I_{CC}との比を直流増幅率h_{FE}，ベース入力信号電流i_b（I_Bの変化量ΔI_B）とコレクタ出力信号電流i_c（I_Cの変化量ΔI_C）との比を信号電流増幅率h_{fe}といいます。

24

$$h_{FE} = \frac{I_{CC}}{I_{BB}} \quad\quad\quad\quad\quad\quad\quad\quad\quad\quad\quad\quad 式\ 2.2\ （直流電流増幅率）$$

$$h_{fe} = \frac{i_c}{i_b} = \frac{\Delta I_C}{\Delta I_B} \quad\quad\quad\quad\quad\quad\quad\quad\quad 式\ 2.3\ （信号電流増幅率）$$

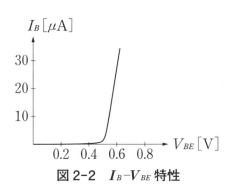

図 2-2　I_B-V_{BE} 特性

(3) I_C-I_B 特性

I_C-I_B 特性は，コレクタ－エミッタ間の電圧 V_{CE} の値を固定して，入力電流 I_B と出力電流 I_C の関係を示したものです。図において，ベース電流 I_B はベース直流電流 I_{BB} とベース入力信号電圧 i_b の和，コレクタ電流 I_C はコレクタ直流電流 I_{CC} とコレクタ信号電流 i_c との和となります。

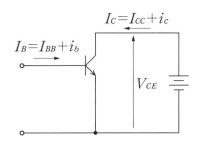 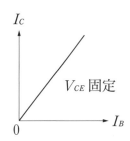

図 2-3　I_C-I_B 特性

(4) I_C-V_{CE} 特性

I_C-V_{CE} 特性は，ベース電流 I_B を固定して，出力電流 I_C と出力電圧 V_{CE}（コレクタ－エミッタ間電圧）の関係を示したものです。増幅作用では，I_C の変化が緩やかとなる V_{CE} が約 1V 以上になる部分を用います。また，I_C-V_{CE} 特性から I_C-I_B 特性を求めることができます。

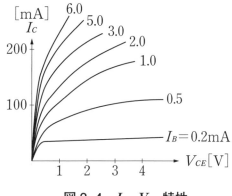

図 2-4　I_C-V_{CE} 特性

例題 1

図 (a) のエミッタ接地回路について，入力 v_{in} を図 (b) のように与えたときに流れるベース電流 I_B を図 (c) の I_B-V_{BE} 特性を用いて作図せよ。

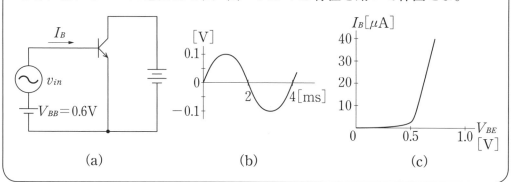

(a)　　　　　(b)　　　　　(c)

解き方

トランジスタのベース入力電圧 V_{BE} は，図のように信号 v_{in} に直流電圧 V_{BB} を加えたものとなります。この波形を I_B-V_{BE} 特性のグラフに与えて，流れるベース電流 I_B を作図します。

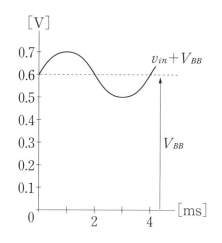

解答

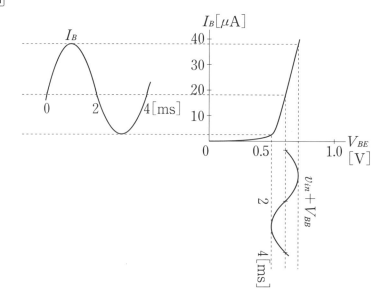

例題 2

図の I_C-I_B 特性について，点 P における直流電流増幅率 h_{FE} と信号電流増幅率 h_{fe} を求めよ。ただし，入力ベース電流は 30 μA～50 μA の振幅とする。

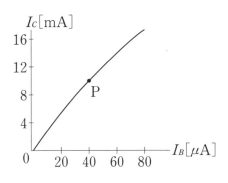

解き方

直流電流増幅率は，P 点の I_C および I_B である I_{CC} と I_{BB} を用いて，$h_{FE} = \dfrac{I_{CC}}{I_{BB}}$ で求まります。信号電流増幅率は，I_C と I_B の信号変化量の比として，$h_{fe} = \dfrac{\Delta I_C}{\Delta I_B}$ で求まります。

解答

グラフより，$I_{CC} = 10\,\text{mA}$，$I_{BB} = 40\,\mu\text{A}$，ΔI_B はベース電流の振幅差 $50 - 30 = 20\,\mu\text{A}$，$I_B = 50\,\mu\text{A} \to I_C = 12\,\text{mA}$，$I_B = 30\,\mu\text{A} \to I_C = 8\,\text{mA}$ なので，

$\Delta I_C = 12 - 8 = 4\,\text{mA}$，

したがって，直流電流増幅率 $h_{FE} = \dfrac{I_{CC}}{I_{BB}} = \dfrac{10\,\text{m}}{40\,\mu} = \dfrac{10 \times 10^{-3}}{40 \times 10^{-6}} = 250$，

信号電流増幅率 $h_{fe} = \dfrac{\Delta I_C}{\Delta I_B} = \dfrac{4\,\text{m}}{20\,\mu} = \dfrac{4 \times 10^{-3}}{20 \times 10^{-6}} = 200$

例題 3

図のエミッタ接地回路に入力電圧 v_{in} を与えると，ベース直流電流 I_{BB} は $80\,\mu\text{A}$，ベース信号電流 i_b は $40\sin\omega t\,[\mu\text{A}]$ となった。使用しているトランジスタの h_{FE} が 250，h_{fe} が 200 のとき，コレクタ直流電流 I_{CC} およびコレクタ信号電流 i_c を求めよ。

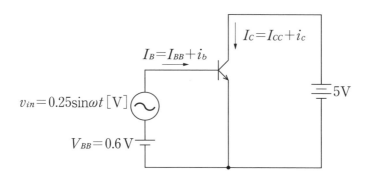

解き方

入力電流 I_B と出力電流 I_C を直流分 I_{BB}，I_{CC} と信号分 i_b，i_c とに分けて，それぞれに直流電流増幅率 h_{FE} と信号電流増幅率 h_{fe} の式を適用します。

解答

コレクタ直流電流 $I_{CC} = h_{FE} \times I_{BB} = 250 \times 80 = 20000\,\mu\text{A} = 20\,\text{mA}$

コレクタ信号電流 $i_c = h_{fe} \times i_b = 200 \times 40\sin\omega t = 8000\sin\omega t\,[\mu\text{A}]$
$= 8\sin\omega t\,[\text{mA}]$

練習問題 4

1 次の説明は、トランジスタの静特性に関するものである。空欄 ① ～ ③ に適切な語句を記入せよ。

I_C-I_B 特性は、① の値を固定して I_C と I_B の関係を示したものである。

I_B-V_{BE} 特性は、② の値を固定して I_B と V_{BE} の関係を示したものである。

I_C-V_{CE} 特性は、③ の値を固定して I_C と V_{CE} の関係を示したものである。

2 図 (a) のエミッタ接地回路において、入力 v_{in} を図 (b) のように与えた場合、次の問いに答えよ。ただし、トランジスタの I_B-V_{BE} 特性は図 (c) に示すものとする。

(1) ベース直流電流 I_{BB} を求めよ。
(2) 流れるベース電流 I_B を作図せよ。

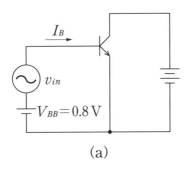

(a)

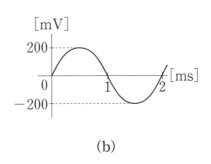

(b)

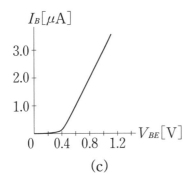

(c)

2章 トランジスタ回路

2.2 増幅回路

キーワード
バイアス　動作点　電流増幅度　電圧増幅度　電力増幅度

ポイント

(1) バイアス電源

図のエミッタ接地回路において，ベース－エミッタ間電圧 V_{BE} に電圧を加えて動作範囲を上げるために用いる直流電源 V_{BB} をバイアス（bias）電源といい，その電圧をバイアス電圧といいます。

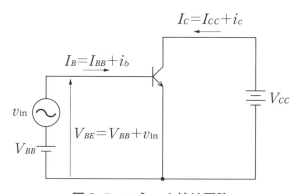

図2-5　エミッタ接地回路

ベース－エミッタ間電圧 $V_{BE}=$ バイアス電源 V_{BB} であるとき（信号 $v_{in}=0$ のとき），I_B-V_{BE} 特性，I_C-I_B 特性における点Pを動作点（operating point）といいます。ベース電流の動作点は $I_B=I_{BB}$，コレクタ電流の動作点は $I_C=I_{CC}$ の点となります。入力信号 v_{in} を与えると，これらの動作点を中心として変化します。

(2) 電流増幅

増幅回路において，入力信号電流 i_{in} と出力信号電流 i_{out} との比を電流増幅度（current amplification factor）A_i といいます。

$$A_i = \frac{i_{out}}{i_{in}} \quad \text{式 2.4}$$

トランジスタ単体における信号電流増幅率 h_{fe} との関係は，$i_{in}=i_b$，$i_{out}=i_c$ のとき，次のようになります。

$$A_i = h_{fe} = \frac{i_c}{i_b} \quad \text{式 2.5}$$

(3) 電圧増幅

図のようにコレクタ部に抵抗 R_C を接続すると，出力電流 i_{out}（コレクタ電流 i_c）を出力電圧 v_{out} として取り出すことができます。

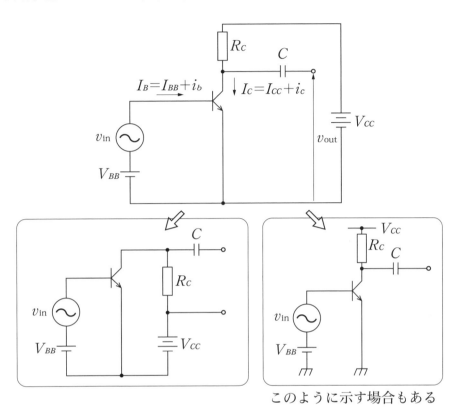

図 2-6　出力電圧の取り出し

入力電圧 v_{in} と出力電圧 v_{out} との比を電圧増幅度（voltage amplification factor）A_v といいます。

$$A_v = \frac{v_{out}}{v_{in}} \quad \cdots \text{式 2.6}$$

(4) 電力増幅

入力信号電力 p_{in} と出力信号電力 p_{out} との比を電力増幅度（power amplification degree）A_P といいます。

$$A_P = \frac{p_{out}}{p_{in}} = \frac{v_{out} \cdot i_{out}}{v_{in} \cdot i_{in}} \quad \cdots \text{式 2.7}$$

電力増幅度 A_P は電流増幅度と電圧増幅度の積となります。

$$A_P = A_i \cdot A_v \quad \cdots \text{式 2.8}$$

> **例題 1**
>
> 図(a)のエミッタ接地回路において，バイアス電圧 $V_{BB}=0.8\,\mathrm{V}$ としたとき，ベース電流 I_B の動作点 P_B を I_B-V_{BE} 特性（図b）に，コレクタ電流 I_C の動作点 P_C を I_C-I_B 特性（図c）に示せ。
>
>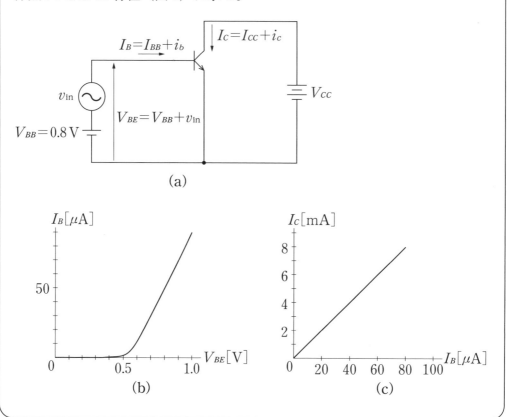

解き方

動作点は，ベース－エミッタ間電圧 $V_{BE}=$ バイアス電源 $V_{BB}=0.8\,\mathrm{V}$ の点なので，まず I_B-V_{BE} 特性において，ベース電流動作点 P_B を $V_{BE}=0.8\,\mathrm{V}$ の位置に示します。このときの I_{BB} をグラフから読み取ります。

次に，読み取った I_{BB} の値を I_C-I_B 特性上にコレクタ電流動作点 P_C として示します。

解答

ベース電流動作点 P_B を図（a）に，コレクタ電流動作点 P_C を図（b）に示します。

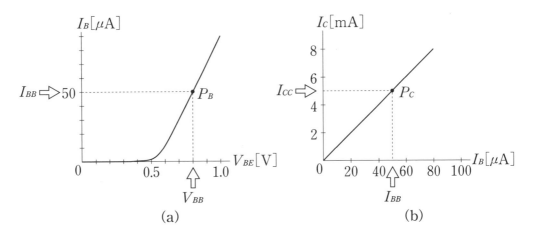

(a) (b)

例題 2

電流増幅度 $A_i=100$ のトランジスタ増幅回路に関する次の表の(1)〜(3)を埋めて完成せよ。

入力信号電流 i_{in}	出力信号電流 i_{out}
$10\,\mu A$	(1)
(2)	$4\,mA$
$5\,\mu A$	(3)

解き方

電流増幅度 $A_i=\dfrac{i_{out}}{i_{in}}$ より, $i_{out}=A_i \cdot i_{in}$, $i_{in}=\dfrac{i_{out}}{A_i}$ となり, これらの式に値を代入して求めます。

解答

(1) $i_{out}=A_i \cdot i_{in}=100\times 10\times 10^{-6}=1\times 10^{-3}A=1\,mA$

(2) $i_{in}=\dfrac{i_{out}}{A_i}=\dfrac{4\times 10^{-3}}{100}=4\times 10^{-5}=40\times 10^{-6}A=40\,\mu A$

(3) $i_{out}=A_i \cdot i_{in}=100\times 5\times 10^{-6}=0.5\times 10^{-3}A=0.5\,mA$

例題 3

電流増幅度 $A_i=100$，電圧増幅度 $A_v=200$ のトランジスタ増幅回路において，入力信号電圧 $v_{in}=10\sin\omega t$ [mV] を与えたとき，出力信号電流は $i_{out}=5\sin\omega t$ [mA] となった。このことより，以下の問に答えよ。

(1) 入力信号電流 i_{in} を求めよ。
(2) 出力信号電圧 v_{out} を求めよ。
(3) 電力増幅度 A_p を求めよ。

解き方

入力信号電流 i_{in}，入力信号電圧 v_{in}，出力信号電流 i_{out}，出力信号電圧 v_{out}，電流増幅度 A_i，電圧増幅度 A_v，電力増幅度 A_p との間には，以下の関係が成立します。

$$i_{out}=A_i \cdot i_{in}$$
$$v_{out}=A_v \cdot v_{in}$$
$$A_p=A_i \cdot A_v$$

このことより，各値を計算します。

解答

(1) $i_{in}=\dfrac{i_{out}}{A_i}=\dfrac{5}{100}\sin\omega t=0.05\sin\omega t$ [mA] $=50\sin\omega t$ [μA]

(2) $v_{out}=A_v \cdot v_{in}=200\times 10\sin\omega t=2000\sin\omega t$ [mV] $=2\sin\omega t$ [V]

(3) $A_p=A_i \cdot A_v=100\times 200=20000$

練習問題 5

1 図のエミッタ接地回路において，次の問い(1)〜(3)に答えよ。

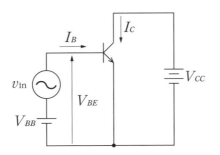

(1) バイアス電源を図中の記号で答えよ。
(2) 入力信号電圧を図中の記号で答えよ。
(3) ベース電流 I_B およびコレクタ電流 I_C の直流成分をそれぞれ I_{BB}, I_{CC} とし，信号成分を i_b, i_c とした場合，I_B と I_C を求めよ。

2 トランジスタの増幅に関する次の表の(1)〜(4)を計算せよ。

電流増幅度 $A_i=300$	入力信号電流 $i_{in}=20\mu A$	出力信号電流 $i_{out}=$ (1)
電圧増幅度 $A_v=200$	入力信号電流 $v_{in}=$ (2)	出力信号電流 $v_{out}=4.5V$
電力増幅度 $A_p=50000$	入力信号電力 $p_{in}=100\mu W$	出力信号電力 $p_{out}=$ (3)
電力増幅度 $A_p=50000$	電流増幅度 $A_i=200$	電圧増幅度 $A_v=$ (4)

3 電流増幅度 $A_i=200$ 倍のトランジスタ増幅回路において，入力信号電圧 $v_{in}=20\sin\omega t\,[\mu V]$ を与えたとき，出力信号電圧は $v_{out}=5\sin\omega t\,[mV]$ となった。このことより以下の問いに答えよ。

(1) 電圧増幅度 A_v を求めよ。
(2) 電力増幅度 A_p を求めよ。

2.3 負荷線

2章 トランジスタ回路

キーワード

エミッタ接地回路　負荷線　コレクタ電流　コレクターエミッタ間電圧

ポイント

(1) 負荷線

図(a)の回路において，コレクタ電流I_Cとコレクターエミッタ間電圧V_{CE}の関係を示した直線を負荷線（load line）といいます。図(b)に示すように，負荷線はI_C-V_{CE}特性グラフにおいて，$V_{CE}=0$のときのI_Cの点$\left(\dfrac{V_{CC}}{R_C}\right)$と$I_C=0$のときの$V_{CE}$の点（$V_{CE}=V_{CC}$）を結ぶことで得られます。

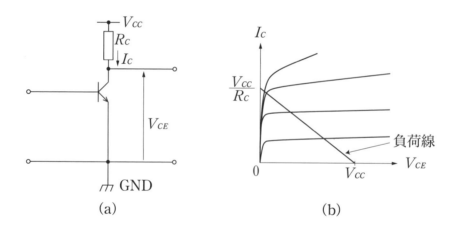

図2-7　エミッタ接地回路と負荷線

(2) 負荷線の使用

　図に示すように，負荷線を用いてコレクタ電流 i_c より出力電圧 v_{out} を求めることができます。

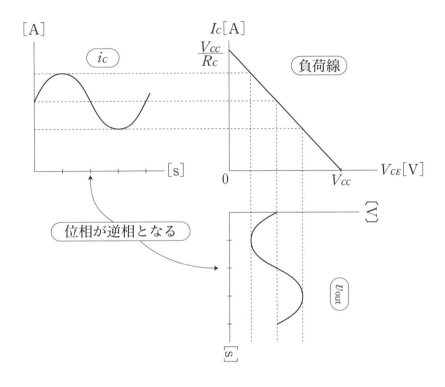

図 2-8　負荷線の使用

例題 1

負荷線における次の(1), (2)の関係について，図のエミッタ接地回路を参照して証明せよ。

(1) $I_C=0$ のとき，$V_{CE}=V_{CC}$ である。

(2) $V_{CE}=0$ のとき，$I_C=\dfrac{V_{CC}}{R_C}$ である。

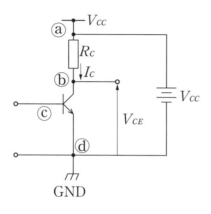

解き方

(1) $I_C=0$ とは，図のa−b間に電流が流れないことです。すなわちa点とb点の電位は等しくなります。

(2) $V_{CE}=0$ とは，図のb−d間に電流が流れないことです。すなわちb点とd点の電位は等しくなります。

解答

(1) a点とb点の電位が等しいので，b点は V_{CC} となる。したがって，$V_{CE}=V_{CC}$

(2) b点とd点の電位が等しいので，b点はGND（0 V）となる。したがって，

$$抵抗R_C を流れる電流 I_C = \frac{(\text{a−b間の電位差})}{R_C} = \frac{(V_{CC}-0)}{R_C} = \frac{V_{CC}}{R_C}$$

例題 2

図の負荷線で示されるエミッタ接地増幅回路について，コレクタ抵抗R_Cと電源電圧V_{CC}を求めよ。

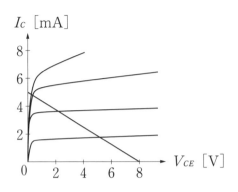

解き方

I_C-V_{CE}特性グラフにおいて負荷線は次の値を示します。

・$I_C=0$のときのV_{CE}はV_{CC}を示します。

・$V_{CE}=0$のときのI_Cは$\dfrac{V_{CC}}{R_C}$を示します。

解答

グラフより，$V_{CC}=8\,\mathrm{V}$，$\dfrac{V_{CC}}{R_C}=5\,\mathrm{mA}$なので，$R_C=\dfrac{8}{5\times 10^{-3}}=1.6\,\mathrm{k\Omega}$

例題 3

図(a)のエミッタ接地回路の負荷線を，図(b)のI_C-V_{CE}特性グラフに記入せよ。

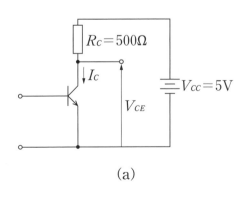
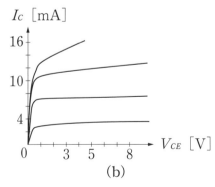

(a)　　　　　　　　　　(b)

解き方

まず，$V_{CE}=0$ のときの I_C の値を求めます。$V_{CE}=0$ をコレクタ－エミッタ間のショート状態と考え，抵抗 R_C と電源 V_{CC} のみの回路を解きます。

したがって，$I_C=\dfrac{V_{CC}}{R_C}$ となります。

次に，$I_C=0$ のときの V_{CE} の値を求めます。$I_C=0$ を抵抗 R_C の電位が等しい場合と考えます。

すなわち，$V_{CE}=V_{CC}$ となります。

求めた I_C と V_{CE} の点をグラフで結ぶことによって負荷線を描きます。

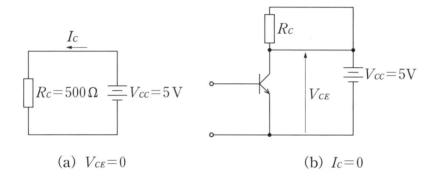

(a) $V_{CE}=0$　　　　　(b) $I_C=0$

解答

負荷線の2点を求めます。$I_C=\dfrac{V_{CC}}{R_C}=\dfrac{5}{500}=10\,\text{mA}$，$V_{CE}=V_{CC}=5\,\text{V}$

これらを I_C-V_{CE} 特性グラフに記入して結びます。

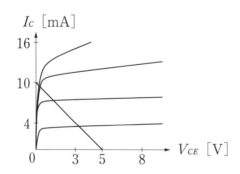

練習問題 6

1 負荷線が（b）に示されるエミッタ接地回路（c）において，（a）に示すコレクタ電流 i_c が流れたとき，出力電圧 v_{out} を（d）に図示せよ。

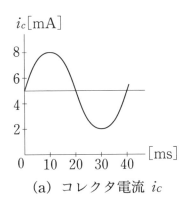

(a) コレクタ電流 i_c

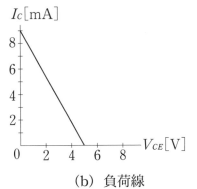

(b) 負荷線

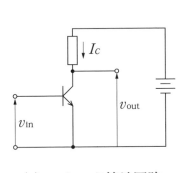

(c) エミッタ接地回路

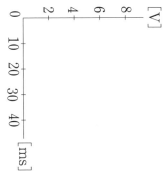

(d) 出力電圧 v_{out}

2 図(a)のエミッタ接地回路の負荷線を(b)の I_C-V_{CE} 特性グラフに示せ。

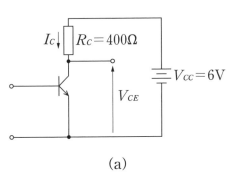

(a)

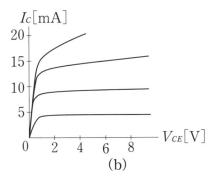

(b)

2.4 バイアス回路

キーワード

バイアス　分圧　温度特性　固定バイアス回路　自己バイアス回路
電流帰還バイアス回路　組み合わせバイアス回路

ポイント

(1) バイアス電源

バイアス（bias）電源 V_{BB} は，トランジスタ増幅回路の動作点を設定するために入力信号電圧 v_{in} に重ねる直流電源ですが，実際の回路では，回路電源 V_{CC} を抵抗によって分圧してバイアス電源を作っています。

(2) トランジスタの温度特性

トランジスタは，動作時の周辺温度 T_a によって電気的特性が変化します。たとえば図2-9の I_B-V_{BE} 特性に示すように周辺温度 T_a が上昇するとベース－エミッタ間電圧 V_{BE} に対するベース電流 I_B は上昇します。すなわちバイアス電圧 V_{BE} を一定にしても，温度変化によってトランジスタのベース電流 I_B（入力電流）が変化するため，コレクタ電流 I_C（出力電流）が変化してしまいます。この温度変化による影響は，バイアス回路の構成によって異なります。

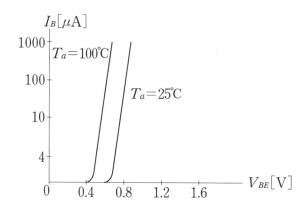

図 2-9　I_B-V_{BE} 特性

(3) バイアス回路

代表的なバイアス回路には，(a) 固定バイアス (fixed bias) 回路，(b) 自己バイアス (self bias) 回路，(c) 電流帰還バイアス (current feedback bias) 回路，(d) 組み合わせバイアス (combinational bias) 回路があります。温度変化に対しては，(d) 組み合わせバイアス回路，(c) 電流帰還バイアス回路，(b) 自己バイアス回路，(a) 固定バイアス回路の順に影響を受けにくく，安定性が良くなります。

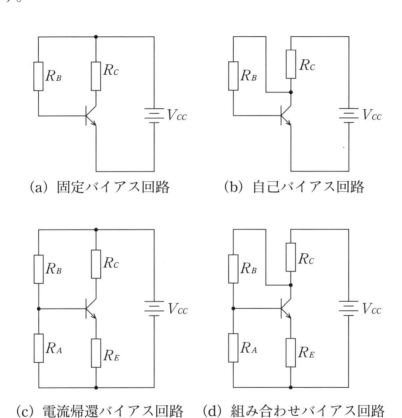

(a) 固定バイアス回路　　(b) 自己バイアス回路

(c) 電流帰還バイアス回路　(d) 組み合わせバイアス回路

図 2-10　バイアス回路

例題 1

図(a)のバイアス電源 V_{BB} を用いたエミッタ増幅回路について，次の(1)～(5)の値を求めよ。ただし，トランジスタは図(b)～(d)の特性表に示すものを使用する。

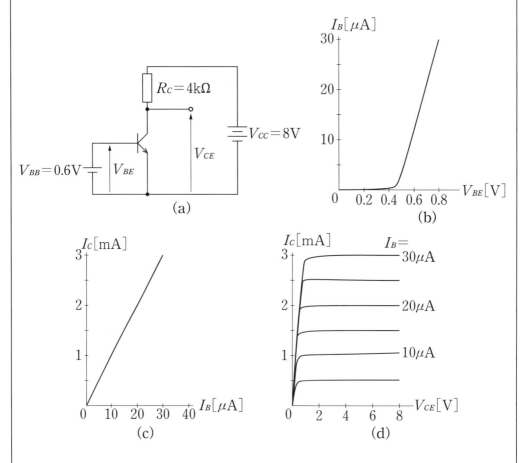

(1) バイアス電圧 [V]
(2) 動作点のベース電流 [μA]
(3) 動作点のコレクタ電流 [mA]
(4) 動作点のコレクターエミッタ間電圧 [V]
(5) 動作点において，コレクターエミッタ間電圧を 2 V とするためのバイアス電圧 [V]

2.4 バイアス回路

解き方

(1) バイアス電源は V_{BB} となります。
(2) 動作点のベース電流は，V_{BE} が V_{BB} のときの I_B の値です。
(3) 動作点のコレクタ電流は，(2)で求めた I_{BB} の値を I_C–I_B 特性グラフに当てはめて求めます。
(4) I_C–V_{CE} 特性において，負荷線を引くための2点を求め，負荷線を引きます。

$$I_C = \frac{V_{CC}}{R_C} = \frac{8}{4 \times 10^3} = 2\,\mathrm{mA},\ V_{CE} = V_{CC} = 8\,\mathrm{V}, \text{負荷線において，} I_B = I_{BB} \text{の値の}$$

V_{CE} を読みます。

(5) 負荷線より，$V_{CE} = 2\,\mathrm{V}$ の地点の I_B の値を読みます。そして，I_B–V_{BE} 特性よりバイアス電圧 V_{BB} を求めます。

解答

(1) バイアス電圧 $V_{BB} = 0.6\,\mathrm{V}$
(2) 動作点のベース電流 $I_{BB} = 10\,\mu\mathrm{A}$（グラフ(b)より）
(3) 動作点のコレクタ電流 $I_{CC} = 1\,\mathrm{mA}$（グラフ(c)より $I_{BB} = 10\,\mu\mathrm{A}$ のときの値）
(4) 負荷線と I_{BB} の値より，動作点のコレクターエミッタ間電圧 $V_{CE} = 4\,\mathrm{V}$
(5) 負荷線より，$I_B = 15\,\mu\mathrm{A}$，これを流すためのバイアス電圧は，I_B–V_{BE} 特性より $V_{BB} = 0.65\,\mathrm{V}$

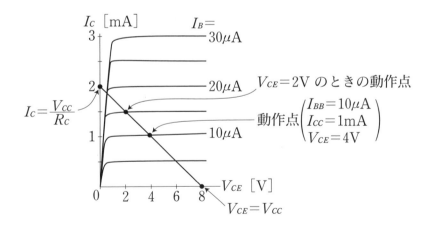

例題 2

図(a)に示す固定バイアス回路について，図(b)から(d)の特性図を用いて次の(1), (2)の問に答えよ。

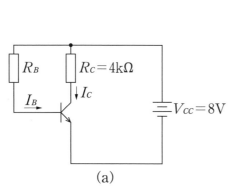

(a)

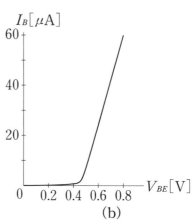

(b)

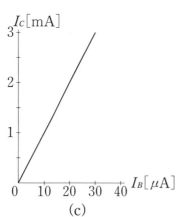

(c)

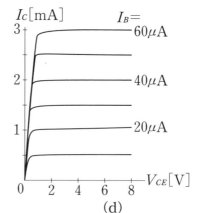

(d)

(1) 負荷線を図(d)に記入せよ。

(2) 動作点を $V_{CE} = \dfrac{V_{CC}}{2} = \dfrac{8}{2} = 4\,\text{V}$ に設定するための抵抗 R_B の値を求めよ。

[解答]
(1)

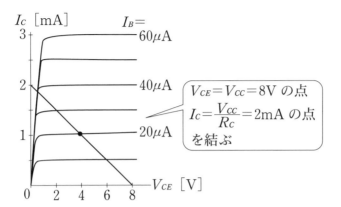

(2) 負荷線より，$I_B=20\,\mu\text{A}$，I_B-V_{BE}特性より $I_B=20\,\mu\text{A}$ を流すための V_{BE} は，0.6 V，抵抗 R_B に流れる電流 $I_B=\dfrac{V_{CC}-V_{BE}}{R_B}$ より，

$$R_B=\frac{V_{CC}-V_{BE}}{I_B}=\frac{8-0.6}{20\times 10^{-6}}=370\times 10^3=370\,\text{k}\Omega$$

練習問題 7

1 図(a)に示すバイアス回路について，図(b)から図(d)の特性図を参照して次の問いに答えよ。

(1) $I_C=0$ のときの V_{CE} の値を求めよ。

(2) $V_{CE}=0$ のときの I_C の値を求めよ。

(3) 図(d)に負荷線を記入せよ。

(4) 動作点を 4V に設定するための抵抗 R_B の値を求めよ。

(5) 動作点を 2V に設定するための抵抗 R_B の値を求めよ。

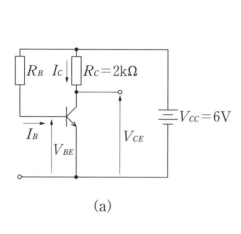

(a)

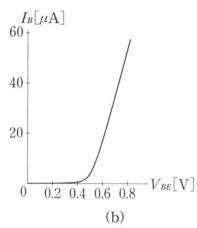

(b)

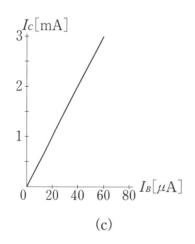

(c)

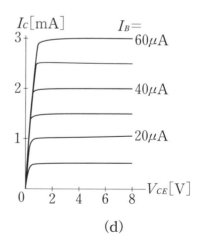

(d)

Q&A 2 バイアス回路はなぜ必要か

Q トランジスタを用いて増幅回路を構成するときのバイアス回路には，固定バイアス回路，自己バイアス回路，電流帰還バイアス回路などがあることを学びました。ところで，なぜ，このようなバイアス回路が必要なのでしょうか？

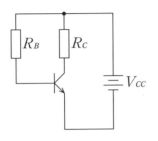 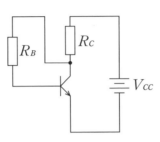 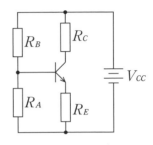

(a) 固定バイアス回路　(b) 自己バイアス回路　(c) 電流帰還バイアス回路

図1　バイアス回路

A 例えば，トランジスタ増幅回路を用いて，交流電圧 v_i を増幅したいとします。バイアス回路を構成せずに，トランジスタに入力電圧として v_i を加えた場合を考えてみましょう。

この場合，次の二つの問題が生じます。

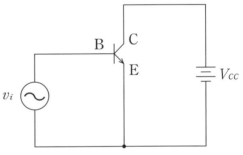

図2　npn形トランジスタに交流の入力電圧 v_i を加える

① トランジスタのベース－エミッタ間は，pn接合になっているため，ダイオード同様に順方向電流は流しますが，逆方向電流は流しません。このため，入力電圧 v_i が負のときには増幅が行われません。

② 入力電圧 v_i が正のときであっても，ベース－エミッタ間には，概ね0.6V程度の順方向電圧 V_{BE} がかかります。言い換えると，入力電圧 v_i が順方向電圧以上にならなければ，ベース－エミッタ間には電流が流れません。つまり，概ね0.6V程度以下の入力電圧のときには増幅が行われません。

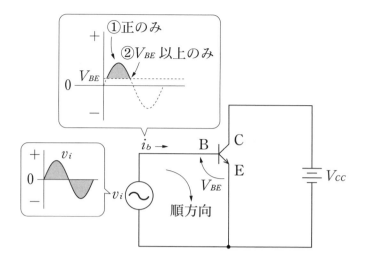

図3 バイアス回路がない場合

これらの問題を解決するために，あらかじめベースに入力電圧 v_i の振幅以上の大きさの正の直流電圧を加えておきます。この直流電圧をバイアス電圧といいます。バイアス電圧を加えておけば，ベースに入力される電圧は，入力電圧 v_i ＋バイアス電圧となります。つまり，ベースから見れば，入力電圧 vi はいつも正かつ，順方向電圧以上の値となり，入力電圧 v_i すべての部分が増幅されます。このような理由のため，バイアス電圧を加えるバイアス回路が必要なのです。

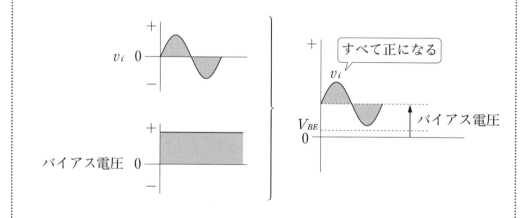

図4 バイアス電圧の働き

2.5 h 定数

2章 トランジスタ回路

キーワード

h 定数　h パラメータ　h_{ie}　入力インピーダンス　h_{re}　電圧帰還率　h_{fe}　電流増幅率　h_{oe}　出力アドミタンス

ポイント

(1) h 定数とは

特性グラフに示されるように，トランジスタの電気的特性は非線型（nonlinear）であるため，抵抗素子などのようにその特性を定数で示すことができません。しかし，トランジスタの使用範囲を小信号増幅の動作点付近に限定し，特性グラフの直線部分のみを使用する場合は，電気的特性を定数で表すことができます。h 定数（h パラメータ：h-parameter）とは，トランジスタの電気的特性を定数でモデル化したもので，h_i, h_r, h_f, h_o の定数があります。

$$v_{in} = h_i \cdot i_{in} + h_r \cdot v_{out} \quad \text{式 2.9}$$
$$i_{out} = h_f \cdot i_{in} + h_o \cdot v_{out} \quad \text{式 2.10}$$

h_i [Ω]：入力インピーダンス　　h_r [単位無し]：電圧帰還率
h_f [単位無し]：電流増幅率　　h_o [Ω^{-1}]，[S]：出力アドミタンス

(2) エミッタ接地における h 定数

エミッタ接地では，式 2.11 および式 2.12 を次式のように表します。

$$v_{be} = h_{ie} \cdot i_b + h_{re} \cdot v_{ce} \quad \text{式 2.11}$$
$$i_c = h_{fe} \cdot i_b + h_{oe} \cdot v_{ce} \quad \text{式 2.12}$$

　　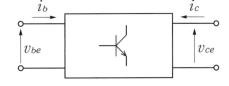

図 2-11　トランジスタモデル　　図 2-12　エミッタ接地モデル

(3) 入力インピーダンス h_{ie}

入力インピーダンス h_{ie} は，エミッタ接地回路におけるベース－エミッタ間の入力インピーダンスを表したもので，I_B-V_{BE} 特性より求めることができます。

$$h_{ie} = \frac{\Delta V_{BE}}{\Delta I_B} \ [\Omega] \quad \text{式 2.13}$$

(4) 電圧帰還率 h_{re}

電圧帰還率 h_{re} は，出力電圧 v_{ce} が入力側に帰還される割合を示したもので，I_B-V_{BE} 特性より求めることができます。

$$h_{re} = \frac{\Delta V_{BE}}{\Delta V_{CE}} \quad \text{式 2.14}$$

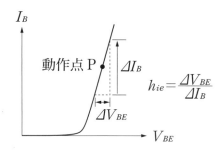

図 2-13 入力インピーダンス h_{ie}　　　図 2-14 電圧帰還率 h_{re}

(5) 電流増幅率 h_{fe}

電流増幅率 h_{fe} は，入力信号電流 i_b に対する出力信号電流 i_c の変化の割合を表したもので，I_C-I_B 特性から求めることができます。

$$h_{fe} = \frac{\Delta I_C}{\Delta I_B} \quad \text{式 2.15}$$

(6) 出力アドミタンス h_{oe}

出力アドミタンス h_{oe} は，コレクタ－エミッタ間の出力アドミタンスを表したもので，I_C-V_{CE} 特性より求めることができます。

$$h_{oe} = \frac{\Delta I_C}{\Delta V_{CE}} \quad \text{式 2.16}$$

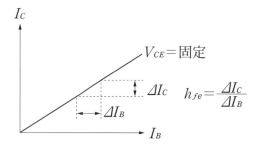
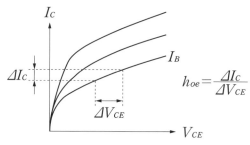

図 2-15 電流増幅率 h_{fe}　　　図 2-16 出力アドミタンス h_{oe}

2.5 h 定数

例題 1

エミッタ接地回路において，入力信号電圧 v_{be} は h 定数を用いて次の式で示される。

$$v_{be} = h_{ie} \cdot i_b + h_{re} \cdot v_{ce}$$

この式において，出力信号電圧 v_{ce} を 0 にしたときの説明を，次の ① から ⑥ の空欄を埋めて完成せよ。

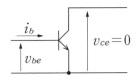

入力インピーダンス h_{ie} は，出力信号電圧 v_{ce} が 0 のときの ① と i_b の比を示し，$h_{ie} =$ ② で示される。① の単位 ③ と，i_b の単位 ④ を計算すると，h_{ie} の単位は，⑤ となる。すなわち，h_{ie} が大きいほど入力信号電圧 v_{be} にとって必要な入力信号電流 i_b が ⑥ くて良いことになる。

解き方

(1) インピーダンスは交流回路における抵抗成分なので，電流と電圧によって示されます。

(2) $v_{be} = h_{ie} \cdot i_b + h_{re} \cdot v_{ce}$ の式に $v_{ce} = 0$ を代入して，h_{ie} を表す式に変形します。

(3)(4)(5) インピーダンスの単位を電圧の単位と電流の単位を用いて単位計算します。

(6) 電圧値が一定のときの電流と抵抗（インピーダンス）との関係を考えます。

解答

(1) v_{be}

(2) $\dfrac{v_{be}}{i_b}$ $\left(v_{ce} = 0 \text{ なので，} v_{be} = h_{ie} \cdot i_b + h_{re} \cdot v_{ce} = h_{ie} \cdot i_b, \therefore h_{ie} = \dfrac{v_{be}}{i_b} \right)$

(3) V

(4) A

(5) Ω

(6) 少な

例題 2

エミッタ接地回路において，出力信号電流 i_c は h 定数を用いて次の式で示される。

$$i_c = h_{fe} \cdot i_b + h_{oe} \cdot v_{ce}$$

この式において，出力電圧 v_{ce} を 0 にしたときの説明を，次の ① から ③ の空欄を埋めて完成せよ。

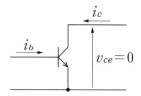

電流増幅率 h_{fe} は，出力信号電圧 v_{ce} が 0 のときの ① に対する i_c の比を示し，$h_{fe}=$ ② で示される。電流増幅率は割合を示し，h_{fe} が大きいほど増幅率は，③ くなる。

解き方

(1) 電流増幅率は入力信号電流に対する出力信号電流の割合を示します。
(2) $i_c = h_{fe} \cdot i_b + h_{oe} \cdot v_{ce}$ の式に $v_{ce}=0$ を代入して，h_{fe} を表す式に変形します。
(3) 増幅率の意味を考えます。

解答

(1) i_b

(2) $\dfrac{i_c}{i_b}$ $\left(v_{ce}=0 \text{ なので，} i_c = h_{fe} \cdot i_b + h_{oe} \cdot v_{ce} = h_{fe} \cdot i_b, \therefore h_{fe} = \dfrac{i_c}{i_b} \right)$

(3) 大きく

2.5 h定数

例題 3

エミッタ接地回路において，出力信号電流 i_c は h 定数を用いて次式で示される。

$$i_c = h_{fe} \cdot i_b + h_{oe} \cdot v_{ce}$$

この式において，入力信号電流 i_b を 0 にしたときの説明を，次の ① から ③ の空欄を埋めて完成せよ。

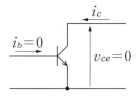

出力アドミタンス h_{oe} は，入力信号電流 i_b が 0 のときの ① に対する i_c の比を示し，$h_{oe} =$ ② で示される。出力アドミタンスは出力インピーダンスの逆数であり，h_{oe} が大きいほど電流は流れ ③ くなる。

解き方

(1) 出力アドミタンスは出力電圧に対する出力信号電流の割合を示します。
(2) $i_c = h_{fe} \cdot i_b + h_{oe} \cdot v_{ce}$ の式に $i_b = 0$ を代入して，h_{oe} を表す式に変形します。
(3) アドミタンスは，インピーダンスの逆数です。

解答

(1) v_{ce}

(2) $\dfrac{i_c}{v_{ce}}$ $\left(i_b = 0 \text{ なので，} i_c = h_{fe} \cdot i_b + h_{oe} \cdot v_{ce} = h_{oe} \cdot v_{ce}, \therefore h_{oe} = \dfrac{i_c}{v_{ce}}\right)$

(3) やすく

練習問題 8

1 次の h 定数に関する表の(1)～(10)を記入せよ。

h 定数	意味	単位	$\Delta I_B, \Delta I_C, \Delta V_{BE}, \Delta V_{CE}$ を用いた式
h_{ie}	(1)	(2)	(3)
(4)	電圧帰還率	なし	(5)
(6)	(7)	なし	$\dfrac{\Delta I_C}{\Delta I_B}$
h_{oe}	(8)	(9)	(10)

2 図に示されるエミッタ接地モデルについて，$h_{fe}=500$，$h_{ie}=1\,\mathrm{k\Omega}$ のとき，次の問いに答えよ。ただし，$h_{re} \cdot v_{ce}$ および $h_{oe} \cdot v_{ce}$ は 0 と考える。

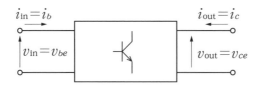

(1) 出力電流 i_out を式で示せ。

(2) 入力電圧 v_in を式で示せ。

(3) 入力電流 i_in が $200\,\mu\mathrm{A}$ のとき，出力電流 i_out と入力電圧 v_in を求めよ。

2.6 等価回路

キーワード

等価回路　エミッタ接地　増幅回路　h定数　電流増幅度　電圧増幅度　電力増幅度　入力インピーダンス　出力インピーダンス

ポイント

(1) 等価回路

h定数を使用してトランジスタ回路を等価回路 (equivalent circuit)（働きが同じである電気回路）として扱うことができます。エミッタ接地回路の特性はh定数を用いて次式で示されます。

$$v_{be} = h_{ie} \cdot i_b + h_{re} \cdot v_{ce} \quad \text{式 2.17}$$

$$i_c = h_{fe} \cdot i_b + h_{oe} \cdot v_{ce} \quad \text{式 2.18}$$

一般的に$h_{re} \cdot v_{ce}$および$h_{oe} \cdot v_{ce}$は，非常に小さい値なので，式を簡略化して次のように表すことができます。

$$v_{be} = h_{ie} \cdot i_b \quad \text{式 2.19}$$

$$i_c = h_{fe} \cdot i_b \quad \text{式 2.20}$$

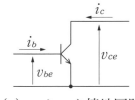
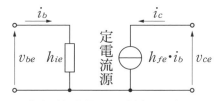

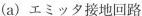

(a) エミッタ接地回路　　　(b) 簡略化した等価回路

図 2-17　エミッタ接地回路の等価回路

(2) 増幅回路の等価回路

図(a)のエミッタ接地の増幅回路を等価回路で示すと，図(b)のようになります。ここで，h_{ie}に比べて抵抗R_Bが十分に大きい場合は，R_Bに流れる電流i_rはベース電流i_bに比べて非常に小さくなるので，図(c)のようにR_Bを省略し，簡略化した等価回路として扱うことができます。

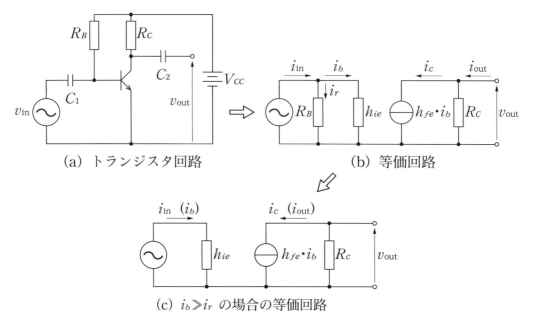

図 2-18 増幅回路の等価回路

(3) 増幅度

増幅回路の電流増幅度 A_i，電圧増幅度 A_v，電力増幅度 A_p は，等価回路を用いて次式で表すことができます。

$$\text{電流増幅度 } A_i = \frac{\text{出力電流}}{\text{入力電流}} = \frac{i_\text{out}}{i_\text{in}} = \frac{h_{fe} \cdot i_b}{i_b} = h_{fe} \quad \cdots\cdots\text{式 2.21}$$

$$\text{電圧増幅度 } A_v = \frac{\text{出力電圧}}{\text{入力電圧}} = \frac{v_\text{out}}{v_\text{in}} = \frac{h_{fe} \cdot i_b \cdot R_C}{h_{fe} \cdot i_b} = \frac{h_{fe}}{h_{ie}} \cdot R_C \quad \cdots\cdots\text{式 2.22}$$

$$\text{電力増幅度 } A_p = \frac{\text{出力電力}}{\text{入力電力}} = \frac{p_\text{out}}{p_\text{in}} = \frac{i_\text{out} \cdot v_\text{out}}{i_\text{in} \cdot v_\text{in}} = \frac{i_\text{out}}{i_\text{in}} \cdot \frac{v_\text{out}}{v_\text{in}} = A_i \cdot A_v$$

$$= \frac{h_{fe}^2}{h_{ie}} \cdot R_C \quad \cdots\cdots\text{式 2.23}$$

(4) インピーダンス

増幅回路の入力インピーダンス Z_in，出力インピーダンス Z_out は，等価回路を用いて次式で表すことができます。

$$\text{入力インピーダンス } Z_\text{in} = \frac{v_\text{in}}{i_\text{in}} = \frac{h_{ie} \cdot i_b}{i_b} = h_{ie} \quad \cdots\cdots\text{式 2.24}$$

$$\text{出力インピーダンス } Z_\text{out} = \frac{v_\text{out}}{i_\text{out}} = \frac{R_C \cdot i_c}{i_c} = R_C \quad \cdots\cdots\text{式 2.25}$$

例題 1

h 定数を用いて，図のようにモデル化されたエミッタ接地回路について，次の(1)から(2)の問に答えよ。

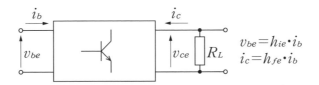

$v_{be} = h_{ie} \cdot i_b$
$i_c = h_{fe} \cdot i_b$

(1) 等価回路図を示せ。
(2) 電圧増幅率 $A_v = 100$，入力インピーダンス $h_{ie} = 2\,\mathrm{k\Omega}$，電流増幅率 $h_{fe} = 200$ のとき，負荷抵抗 R_L の値を求めよ。

解き方

(1) h 定数を用いたエミッタ接地等価回路の基本式

$$v_{be} = h_{ie} \cdot i_b + h_{re} \cdot v_{ce}$$
$$i_c = h_{fe} \cdot i_b + h_{oe} \cdot v_{ce}$$

の $h_{re} \cdot v_{ce}$ と $h_{oe} \cdot v_{ce}$ の項が省略されたものなので，簡易的な等価回路を使用し，負荷抵抗 R_L を付け加えます。

(2) R_L は加わる電圧 v_{ce} と流れる電流 i_c よりオームの法則で求まります。v_{ce} は出力電圧なので，入力電圧 v_{be} に電圧増幅率 A_v を掛けたものとなります。入力電圧 v_{be} は，入力インピーダンス h_{ie} と入力電流 i_b の積となります。

解答

(1)

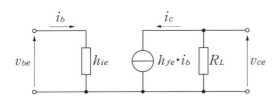

(2) オームの法則より，$R_L = \dfrac{v_{ce}}{i_c}$

ここで，$i_c = h_{fe} \cdot i_b$，$v_{ce} = A_v \cdot v_{be} = A_v \cdot h_{ie} \cdot i_b$

$R_L =$ の式に i_c と v_{ce} を代入して，

$$R_L = \frac{v_{ce}}{i_c} = \frac{A_v \cdot h_{ie} \cdot i_b}{h_{fe} \cdot i_b} = A_v \cdot \frac{h_{ie}}{h_{fe}} = 100 \cdot \frac{2 \times 10^3}{200} = 1\,\mathrm{k\Omega}$$

例題 2

図のエミッタ接地回路について，次の(1)〜(4)の問に答えよ。ただし，$h_{ie} \ll R_B$ とし，$R_c = 6\,\mathrm{k\Omega}$，$h_{ie} = 2\,\mathrm{k\Omega}$，$h_{fe} = 400$ とする。

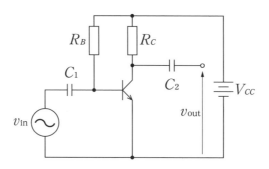

(1) 簡略化した等価回路を示せ。
(2) 電流増幅率 A_i を求めよ。
(3) 電圧増幅率 A_v を求めよ。
(4) 電力増幅率 A_p を求めよ。

解き方

(1) 簡略化した等価回路に負荷抵抗 R_c を付加します。

(2) 電流増幅率 $A_i = \dfrac{i_{\mathrm{out}}}{i_{\mathrm{in}}}$，$i_{\mathrm{out}} = h_{fe} \cdot i_{\mathrm{in}}$，これらの式に値を代入して求めます。

(3) 電圧増幅率 $A_v = \dfrac{v_{\mathrm{out}}}{v_{\mathrm{in}}}$，$v_{\mathrm{in}} = h_{ie} \cdot i_{\mathrm{in}}$，$v_{\mathrm{out}} = R_c \cdot i_{\mathrm{out}} = R_c \cdot h_{fe} \cdot i_{\mathrm{in}}$，

これらの式に値を代入して求めます。

(4) 電力増幅率は，$A_p = A_i \cdot A_v$ で求まります。

解答

(1)

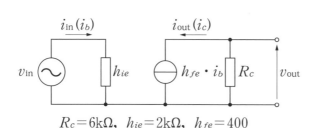

$R_c = 6\,\mathrm{k\Omega}$，$h_{ie} = 2\,\mathrm{k\Omega}$，$h_{fe} = 400$

(2) $i_{\mathrm{out}} = h_{fe} \cdot i_{\mathrm{in}} = 400\,i_{\mathrm{in}}$，$A_i = \dfrac{i_{\mathrm{out}}}{i_{\mathrm{in}}} = \dfrac{400\,i_{\mathrm{in}}}{i_{\mathrm{in}}} = 400$ （h_{fe} と同じ）

(3) $v_{\mathrm{out}} = R_c \cdot i_{\mathrm{out}} = R_c \cdot h_{fe} \cdot i_{\mathrm{in}} = 6 \times 10^3 \times 400 \times i_{\mathrm{in}} = 2400 \times 10^3 \times i_{\mathrm{in}}$，

$$v_{\text{in}} = h_{ie} \cdot i_{\text{in}} = 2 \times 10^3 \times i_{\text{in}}$$

$$\therefore A_v = \frac{v_{\text{out}}}{v_{\text{in}}} = \frac{2400 \times 10^3 \times i_{\text{in}}}{2 \times 10^3 \times i_{\text{in}}} = 1200$$

(4) $A_p = A_i \cdot A_v = 400 \times 1200 = 480000$

練習問題 9

1 図の簡略化した等価回路について，次の(1)〜(3)の問いに答えよ。

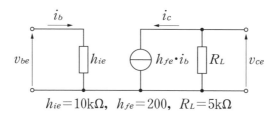

$h_{ie}=10\text{k}\Omega,\ h_{fe}=200,\ R_L=5\text{k}\Omega$

(1) 電流増幅度 A_i を求めよ。
(2) 電圧増幅度 A_v を求めよ。
(3) 電力増幅度 A_p を求めよ。

2 図のエミッタ接地回路について，簡略化した等価化回路を示せ。ただし，$h_{ie} \ll R_B$，$h_{ie}=1\text{k}\Omega$，$h_{fe}=200$，$R_C=5\text{k}\Omega$ とする。

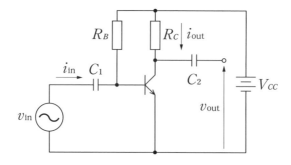

2.7 トランジスタ負帰還増幅回路

キーワード
負帰還　逆位相　帰還回路　帰還率　負帰還増幅回路
バイパスコンデンサ　電圧増幅度　利得　周波数帯域　雑音

ポイント

(1) 負帰還

回路の出力信号を入力信号と逆位相（antiphase）にして，入力側に戻すことを負帰還（negative feedback）。負帰還をかけた増幅回路を負帰還増幅回路（negative feedback amplifier）といいます。また，入力側に戻す出力信号の割合を帰還率（feedback factor）といい，図では記号 F で表しています。エミッタ接地増幅回路は，出力信号が入力信号と逆位相になるので，出力信号をそのままの位相で入力側に戻せば，負帰還をかけたことになります。負帰還増幅回路にすると，電圧増幅度（voltage amplification）は低下しますが，安定して増幅できる周波数帯域（frequency band）が広がり，雑音（noise）が低減できるなどの利点が生じます。

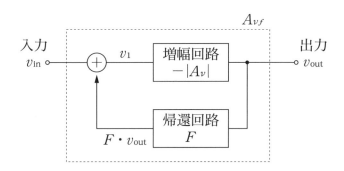

図 2-19　負帰還増幅回路の構成

(2) トランジスタ負帰還増幅回路

例えば，電流帰還バイアス回路を用いたトランジスタ増幅回路において，バイパスコンデンサ（bypass capacitor）C_3 を取り外すと，抵抗 R_E が帰還回路（feedback circuit）の役目をするため，負帰還増幅回路になります。

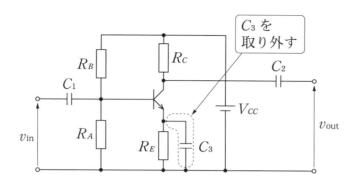

図2-20 トランジスタ負帰還増幅回路の例

(3) 電圧増幅度

図2-20に示した増幅回路において，負帰還をかけないときの電圧増幅度をA_v，かけたときの電圧増幅度をA_{vf}とすれば，A_{vf}は，次のように表すことができます。

$$\left.\begin{array}{l} v_1 = v_{in} + F \cdot v_{out} \\ v_{out} = -|A_v| \cdot v_1 \end{array}\right\} \quad \cdots\cdots\cdots 式2.26$$

$$A_{vf} = \frac{v_{out}}{v_{in}} = \frac{-|A_v|}{1+|A_v| \cdot F} \quad \cdots\cdots\cdots 式2.27$$

この式の分母は1より大きくなるので，負帰還をかけたときのA_{vf}は，かけないときのA_vより小さくなることがわかります。

(4) 特性

負帰還の有無による増幅回路の周波数特性の例を示します。縦軸の利得（gain）のピークは，図(a)が約43 dB，図(b)が約13 dBとなり，負帰還をかけると利得が低下しています。しかし，ピークから3 dB下がったところの周波数帯域（横軸）を読み取ると，負帰還をかけたことで，低域（20 Hz→2 Hz）と高域（10 MHz→15 MHz）の周波数とも帯域が広がっています。つまり，負帰還をかけたことで，安定に増幅できる信号の周波数帯域が広くなっています。利得については，次節で説明します。

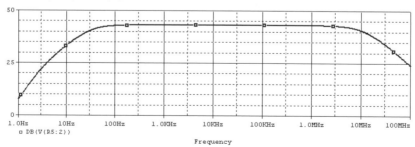

(a) 負帰還なし

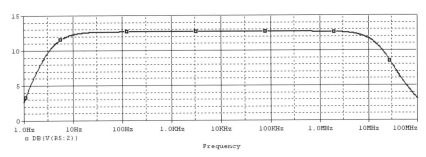

(b) 負帰還あり

図 2-21　周波数特性の例

例題 1

次の負帰還の説明について、①〜⑥の空欄を埋めて完成させなさい。

回路の出力信号を入力信号と　①　にして、入力側に戻すことを負帰還という。また、入力側に戻す出力信号の割合を　②　といい、記号　③　で表わす。トランジスタによるエミッタ接地増幅回路は、入力信号と出力信号が　①　なので、出力信号をそのままの位相で入力側に戻せば、負帰還をかけたことになる。負帰還増幅回路にすると、電圧増幅度は　④　するが、安定して増幅できる　⑤　が広がり、　⑥　が低減できるなどの利点が生じる。

解き方

回路の出力信号を入力信号と逆位相にして入力側に戻すことを負帰還、同位相にして戻すことを正帰還といいます。正帰還については、第6章の発振回路で学びます。増幅回路で負帰還をかけると、電圧増幅度が低減する短所と引き替えに、周波数帯域が広がり、雑音が低減するなどの長所が得られます。

解答

①逆位相　②帰還率　③ F
④低下　⑤周波数帯域　⑥雑音

例題 2

図のエミッタ接地増幅回路について，次の(1)～(3)に答えなさい。

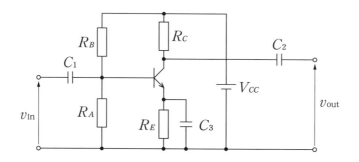

(1) 等価回路を示しなさい。
(2) バイパスコンデンサ C_3 を取り外した場合の等価回路を示しなさい。
(3) バイパスコンデンサ C_3 を取り外した場合，抵抗 R_E の働きによって回路がどのような状態になるか説明しなさい。

解き方

電流帰還バイアス回路を用いたトランジスタのエミッタ接地増幅回路です。交流分についての等価回路は，コンデンサと直流電源をショートした回路を考えます。バイパスコンデンサ C_3 を取り外すと，ショートと見なせた抵抗 R_E を無視できなくなりますので，等価回路にも反映させる必要があります。

解答

(1)

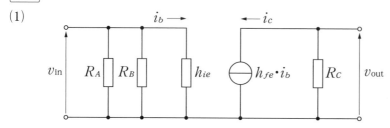

(2)

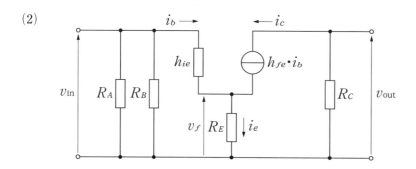

(3) バイパスコンデンサ C_3 を取り外すと，抵抗 R_E に流れる電流 i_e によって生じる電圧 v_f が入力側に戻される状態となり，これによって負帰還がかかる。

例題 3

図に示す負帰還増幅回路の構成において，増幅回路の電圧増幅度 $A_v=-10$，帰還回路の帰還率 $F=20\%$ の場合の負帰還増幅回路の電圧増幅度 A_{vf} の値を求めなさい。

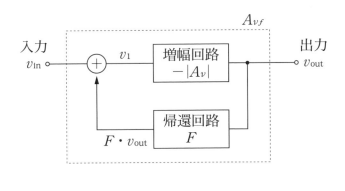

解き方

増幅回路の電圧増幅度を A_v，帰還率を F とすれば，負帰還増幅回路の電圧増幅度 A_{vf} は，次の式で計算できます。負帰還をかけると電圧増幅度は低下します。

$$A_{vf}=\frac{v_{out}}{v_{in}}=\frac{-|A_v|}{1+|A_v|\cdot F}$$

解答

$$A_{vf}=\frac{-|A_v|}{1+|A_v|\cdot F}=\frac{-|-10|}{1+|-10|\cdot 0.1}=-5$$

例題 4

次の図は，トランジスタ増幅回路において，負帰還をかけない場合とかけた場合の周波数と利得の関係を示したグラフである。次の(1)〜(2)に答えなさい。

(a) 負帰還をかけない場合

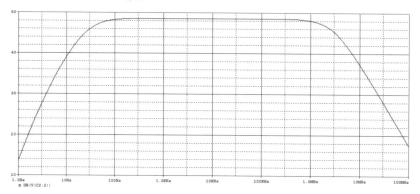

(b) 負帰還をかけた場合

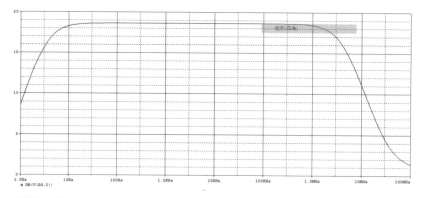

(1) 利得を読み取り，比較しなさい。
(2) 利得のピークから 3 dB ダウンした場合の低域周波数，高域周波数を読み取り，比較しなさい。

解き方

これらのグラフは，片対数グラフと呼ばれる形式であり，横軸の周波数は対数のスケールで表示されています。縦軸の利得のピークから 3 dB 下がったところの低域側と高域側の周波数を読み取ります。負帰還をかけることで，利得は低下していますが，低域側の周波数帯域は広くなっています。しかし，この例では高域側の周波数は狭くなっています。

解答 (1) (a)約 28.8 dB (b)約 18.6 dB (10.2 dB 低下)
(2) (a)低域約 20 Hz，高域約 8 MHz (b)低域約 2 Hz，高域約 3 MHz

練習問題 10

1 図は，電流帰還バイアス回路を用いたエミッタ接地増幅回路において，エミッタにバイパスコンデンサを接続しないことで，負帰還をかけた場合の等価回路です。①〜⑨ の空欄を埋めて完成させなさい。

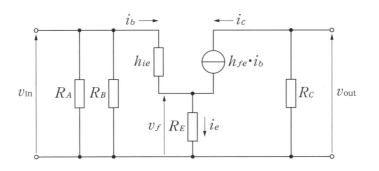

帰還率を F，負帰還をかけない場合の電圧増幅度の大きさを $|A_v|$，負帰還をかけた場合の電圧増幅度 A_{vf} とする。$i_c ≒ i_e$ とすれば，帰還率 F は次式のようになる。

$$F = \left|\frac{v_f}{v_{out}}\right| = \frac{i_e \cdot \boxed{③}}{i_c \cdot \boxed{④}} = \frac{\boxed{③}}{\boxed{④}}$$

また，$|A_v|$ と A_{vf} は，次式のようになる。

$$|A_v| = \frac{h_{fe}}{h_{ie}} R_C$$

$$A_{vf} = \frac{v_{out}}{v_{in}} = \frac{-\boxed{①}}{1 + |A_v| \cdot \boxed{②}}$$

上の A_{vf} の式に，$|A_v|$ と F の式を代入すると次式が得られる。

$$A_{vf} = \frac{-h_{fe} \cdot R_C}{\boxed{⑤} + h_{fe} \cdot \boxed{⑥}}$$

トランジスタの電流増幅率 h_{fe} は，大きな値であるため，$h_{ie} \ll h_{fe} \cdot R_E$ と考えれば，A_{vf} は近似的に次式のように表すことができる。

$$A_{vf} = -\frac{\boxed{⑦}}{\boxed{⑧}}$$

つまり，負帰還増幅回路の電圧増幅度は，定数である ⑨ の比率のみで決めることができる。

2章 トランジスタ回路
2.8 デシベル

キーワード

デシベル 対数 dB log 増幅度 電圧利得 電流利得 電力利得

ポイント

(1) デシベル

デシベル（decibel）とは，$\log_{10}$ の対数を用いて増幅度を表現するときの単位です。単位記号に［dB］が用いられます。デシベルは広い範囲の数を表すことができる，人間の感覚の表現に適している，乗除計算が加減算で行える，などの利点があります。

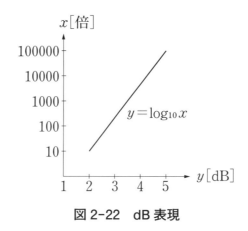

図 2-22　dB 表現

(2) 利得

デシベルでは電圧増幅，電流増幅，電力増幅を利得（gain）として表現します。

$$電圧利得\ G_v = 20\log_{10}\frac{出力信号電圧\ v_{out}}{入力信号電圧\ v_{in}}\ [\text{dB}] \quad\cdots\cdots 式\ 2.28$$

$$電流利得\ G_i = 20\log_{10}\frac{出力信号電流\ i_{out}}{入力信号電流\ i_{in}}\ [\text{dB}] \quad\cdots\cdots 式\ 2.29$$

$$電力利得\ G_p = 10\log_{10}\frac{出力信号電力\ p_{out}}{入力信号電力\ p_{in}}\ [\text{dB}] \quad\cdots\cdots 式\ 2.30$$

(3) 対数計算

dB 計算において，よく使われる式を示します。

底が10の対数

$$\log_{10} 1 = 0 \, \mathrm{dB} \quad \text{………………………………………………………………} \quad 式\ 2.31$$

$$\log_{10} 10 = 1 \, \mathrm{db} \quad \text{………………………………………………………………} \quad 式\ 2.32$$

$$\log_{10} 100 = 2 \, \mathrm{dB} \quad \text{………………………………………………………………} \quad 式\ 2.33$$

$$\log_{10} 1000 = 3 \, \mathrm{dB} \quad \text{……………………………………………………………} \quad 式\ 2.34$$

対数の公式

$$\log_{10} AB = \log_{10} A + \log_{10} B \quad \text{………………………………………} \quad 式\ 2.35$$

$$\log_{10} \frac{A}{B} = \log_{10} A - \log_{10} B \quad \text{………………………………………} \quad 式\ 2.36$$

$$\log_{10} An = n \log_{10} A \quad \text{……………………………………………………} \quad 式\ 2.37$$

指数と対数の関係

$$y = 10^x \iff \log_{10} y = x$$

例題 1

次に示す入出力の利得をデシベルで表現せよ。
(1) 入力信号電圧 $v_{in}=2\,\mu V$, 出力信号電圧 $v_{out}=50\,mV$
(2) 入力信号電流 $i_{in}=0.1\,mA$, 出力信号電流 $i_{out}=20\,A$
(3) 入力信号電力 $p_{in}=0.2\,mW$, 出力信号電力 $p_{out}=50\,W$

解き方

(1) 電圧利得 $G_v = 20\log_{10}\dfrac{v_{out}}{v_{in}}\,[dB]$

(2) 電流利得 $G_i = 20\log_{10}\dfrac{i_{out}}{i_{in}}\,[dB]$

(3) 電力利得 $G_p = 10\log_{10}\dfrac{p_{out}}{p_{in}}\,[dB]$

解答

(1) $G_v = 20\log_{10}\dfrac{v_{out}}{v_{in}} = 20\log_{10}\dfrac{50\times 10^{-3}}{2\times 10^{-6}} = 20\log_{10}(25\times 10^3) \fallingdotseq 88.0\,dB$

(2) $G_i = 20\log_{10}\dfrac{i_{out}}{i_{in}} = 20\log_{10}\dfrac{20}{0.1\times 10^{-3}} = 20\log_{10}(200\times 10^3) \fallingdotseq 106\,dB$

(3) $G_p = 10\log_{10}\dfrac{p_{out}}{p_{in}} = 10\log_{10}\dfrac{50}{0.2\times 10^{-3}} = 10\log_{10}(250\times 10^3) \fallingdotseq 54.0\,dB$

例題 2

次のブロック図は、3段の電流増幅回路を示している。(a), (b)それぞれについて、全体の増幅度〔倍〕および全体の利得〔dB〕を計算せよ。

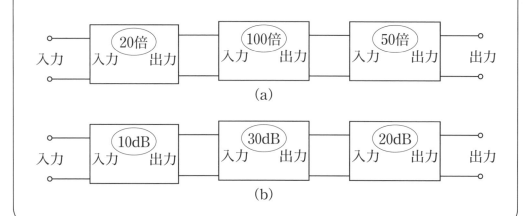

解き方

全体の増幅度は，1段目，2段目，3段目の増幅度の積となります。利得の場合は，電流利得と電圧利得は $20\log_{10}$ の形で，電力利得は $10\log_{10}$ の形で表します。この問題は電流増幅なので，$20\log_{10}$ の形を用います。全体の利得はそれぞれの利得の和で求まります。

解答

(a) 増幅度：$20 \times 100 \times 50 = 100000$ 倍

  利得：$20\log_{10} 100000 = 100\,\text{dB}$

（別解1）

  ブロックそれぞれを利得で表す。

  1段目：$20\log_{10} 20 \fallingdotseq 26.0\,\text{dB}$

  2段目：$20\log_{10} 100 = 40\,\text{dB}$

  3段目：$20\log_{10} 50 \fallingdotseq 34.0\,\text{dB}$

  全体の利得は，それぞれの利得の和で示されるので，

$26 + 40 + 34 = 100\,\text{dB}$

（別解2）

  別解1と同様に考えて，

  $20\log_{10} 20 + 20\log_{10} 100 + 20\log_{10} 50 = 20\log_{10}(20 \times 100 \times 50) = 100\,\text{dB}$

（公式 $\log_{10} A + \log_{10} B = \log_{10} AB$ を用いる）

(b) 利得 $10 + 30 + 20 = 60\,\text{dB}$

  増幅度を A_i とすると，$60\,\text{dB} = 20\log_{10} A_i$

  $\therefore\ \log_{10} A_i = \dfrac{60}{20} = 3$ よって $A_i = 10^3 = 1000$ 倍

例題 3

次の(1)〜(3)に示す電流利得 G_i，電圧利得 G_v，電力利得 G_p を増幅度 A_i，A_v，A_p で示せ。

(1) $G_i = 80\,\text{dB}$

(2) $G_v = 300\,\text{dB}$

(3) $G_p = 30\,\text{dB}$

解き方

利得を G, 増幅度を A とすると, 電流と電圧の場合は, $G = 20 \log_{10} A$ なので, $A = 10^{\frac{G}{20}}$, 電力の場合は, $G = 10 \log_{10} A$ なので, $A = 10^{\frac{G}{10}}$ となります。

解答

(1) $A_i = 10^{\frac{G_i}{20}} = 10^{\frac{80}{20}} = 10000$

(2) $A_v = 10^{\frac{G_v}{20}} = 10^{\frac{300}{20}} = 1 \times 10^{15}$

(3) $A_p = 10^{\frac{G_p}{10}} = 10^{\frac{30}{10}} = 1000$

例題 4

次の(1)～(3)に示す電流増幅度 A_i, 電圧増幅度 A_v, 電力増幅度 A_p を利得 G_i, G_v, G_p で示せ。

(1) $A_i = 1000$

(2) $A_v = 4 \times 10^{12}$

(3) $A_p = 200$

解き方

利得を G, 増幅度を A とすると, 電流と電圧の場合は, $G = 20 \log_{10} A$, 電力の場合は, $G = 10 \log_{10} A$ となります。

解答

(1) $G_i = 20 \log_{10} A_i = 20 \log_{10} 1000 = 20 \times 3 = 60 \text{ dB}$

(2) $G_v = 20 \log_{10} A_v = 20 \log_{10}(4 \times 10^{12}) \fallingdotseq 20 \times 12.6 = 252 \text{ dB}$

(3) $G_p = 10 \log_{10} A_p = 10 \log_{10} 200 \fallingdotseq 10 \times 2.30 = 23.0 \text{ dB}$

練習問題 11

1 次に示す入出力の利得をデシベルで表現せよ。
  (1) 入力信号電圧 $v_{in}=2\,\mathrm{mV}$，出力信号電圧 $v_{out}=1.5\,\mathrm{V}$
  (2) 入力信号電流 $i_{in}=5\,\mu\mathrm{A}$，出力信号電流 $i_{out}=400\,\mathrm{mA}$
  (3) 入力信号電力 $p_{in}=2\,\mathrm{mW}$，出力信号電力 $p_{out}=100\,\mathrm{W}$

2 次の(1)〜(6)に示す電流利得 G_i，電圧利得 G_v，電力利得 G_p を増幅度 A_i, A_v, A_p で示せ。
  (1) $G_i=60\,\mathrm{dB}$ (2) $G_i=-60\,\mathrm{dB}$
  (3) $G_v=400\,\mathrm{dB}$ (4) $G_v=-400\,\mathrm{dB}$
  (5) $G_p=20\,\mathrm{dB}$ (6) $G_p=-20\,\mathrm{dB}$

3 次の(1)〜(3)に示す電流増幅度 A_i，電圧増幅度 A_v，電力増幅度 A_p を利得 G_i, G_v, G_p で示せ。
  (1) $A_i=10000$
  (2) $A_v=8\times10^{10}$
  (3) $A_p=200$

4 次のブロック図は3段の電力増幅回路を示したものである。(a)，(b)それぞれについて，全体の増幅度［倍］と利得［dB］を求めよ。

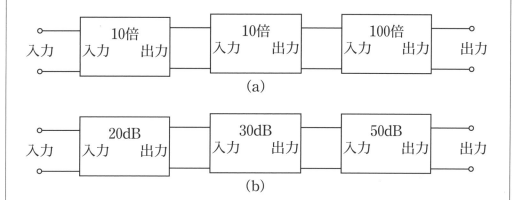

EMC試験の必要性

アンリツ株式会社　商品開発部
阿部高也

市販される製品には各メーカーで定めた性能以外にも，法令で定められた性能があります。法令では，試験の測定環境や手順，満たすべき規格値が定められています。その中にEMC：electromagnetic compatibility 試験と呼ばれる試験があります。

● EMC試験の内容

EMC試験は機器に対する電磁的な影響に対する耐性を評価するEMS：electromagnetic susceptibility と呼ばれる試験と電磁的な影響を他の機器に与えない事を評価するEMI：electromagnetic interference 試験に大別されます。EMS試験では，装置への電波の放射や，電源の電圧変動や，静電気を筐体に印加したりして，影響がないことを確認します。EMI試験では，装置から発生する電磁波や電源ラインに漏れるノイズが基準値以下であることを確認します。

●よくあるトラブル①：機器の外への電磁波漏れ

器機には放熱のために通気口を設けますが，ここから電磁波が漏れだすことがあります。理想的には，まったく穴の開いていない金属で囲まれたケースに収め，そのケースをGND電位にしていれば電磁波が器機外に漏れることは少ないですが，放熱の事を考えると現実的ではありません。電波が漏れださずに放熱ができる筐体設計が必要になります。通気口以外にも，器機のコネクタやフレームのつなぎ目から電磁波が漏れだすことがあります。これらは，ガスケットと呼ばれる導電性のスポンジ状の素材や金属の板バネのようなもので隙間を埋めたりします。そうすることで，筐体の金属部品間でGND電位が保たれ，筐体外に漏れる電磁波を少なくすることが出来ます。

●よくあるトラブル②：静電気による誤作動

筐体の電位をGNDに保つことは非常に重要で，これが良くないと他にも問題が発生します。例えば，静電気印可試験で問題が発生する場合があります。静電気印可試験は静電気シミュレータという装置で，人工的に静電気を発生させて筐体に放電します。通常は筐体内の回路基板を筐体にねじ止めし，回路上のGND電位と筐体のGND電位が等しくなるようにしていますが，静電気が印可された箇所は一瞬だけ電位が上昇します。この時，回路基板が取り付けられたフレームのGND電位への電気抵抗が高いと，電気回路のGND電位が変動して，電気回路が誤動作する場合があります。これを防ぐためには，金属製のワイヤーで筐体のフレーム間を接続しGND電位との電気抵抗を少なくします。こ

れにより，静電気が印可された箇所の電位の上昇を少なくします。このような，筐体の電位とACコンセントのGNDと筐体の電気抵抗を少なくすることを，GNDを強化すると言っています。

●**よくあるトラブル③：電源からのノイズ**

　EMC試験では，ACコンセントからノイズが流れ込むことを想定した試験もあります。電源ラインから，ノイズが流れ込むと器機が正常に動作しなくなる場合があります。これらを防ぐには電源ラインへのノイズフィルタの挿入や，ノイズに強い電源回路の設計を行います。稀に，電源ノイズの対策をしていても，本番の試験で問題が発生することがあります。その場合，フェライトでできた磁性体で，円筒状になっているフェライトコアという部品を使用します。このフェライトコアの穴にケーブルを通すことで，高周波成分を少なくして，電源回路にノイズが流れ込まないようにします。ACアダプタなどのケーブルに膨らんだ箇所がある場合，そこにはフェライトコアが使用されており，ケーブルに流れる不要な高周波成分を除去する働きをしています。

　以上の様に，EMC試験を行い法令で決められた基準を満たすためには，電気回路だけではなく装置全体を考慮した設計が必要になります。

3章

FET回路

　FET（電界効果トランジスタ）は，ユニポーラトランジスタとも呼ばれる重要な電子デバイスです。ゲートに加える電圧で，ドレイン－ソース間に流れる電流を制御することで，増幅作用やスイッチング作用を行います。FETは，入力インピーダンスが大きく，雑音が少ないなどの優れた特徴を持っているため，多くの用途で広く使用されています。

　本章では，FETのバイアス回路の構成法や等価回路の考え方について説明します。トランジスタ回路と同様に，FETを使った増幅回路の構成法や計算法などを理解しましょう。また，FETによる負帰還増幅回路についても取り上げます。

3.1 FETのバイアス回路

3章 FET回路

キーワード
静特性　ピンチオフ電圧　ドレイン飽和電流　温度特性　熱暴走　負荷線
動作点　固定バイアス回路　自己バイアス回路　電流帰還バイアス回路

ポイント

(1) FETの静特性

　FETに直流電源を接続した場合の電気的な特性を静特性（static characteristic curve）といいます。図(a)から，ゲートに与える負の電圧V_{GS}を負側に向けて大きくしていくと，ドレイン電流I_Dが減少していくことがわかります。そして，この例では，V_{GS}が$-3\,\mathrm{V}$になる少しまえで，I_Dがゼロになります。このときのV_{GS}をピンチオフ（pinch-off）電圧といい，V_Pと表します。また，$V_{GS}=0$のときのI_Dは，ドレイン飽和電流（drain saturation current）といい，I_{DSS}と表しています。FETのV_{DS}-I_D特性（図(b)）は，トランジスタのV_{CE}-I_C特性に対応する静特性です。

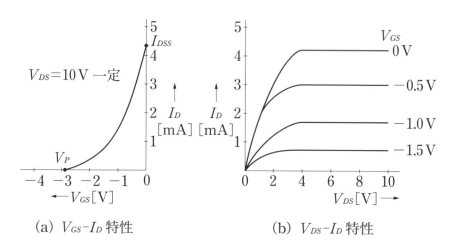

(a) V_{GS}-I_D特性　　　　　(b) V_{DS}-I_D特性

図3-1　接合形FETの静特性例

(2) FETの温度特性

　トランジスタは，正の温度特性（temperature characteristics）を持っています。つまり，温度が上昇すると電流増幅率h_{fe}が増加する性質があります。このため，トランジスタ増幅回路では，温度上昇に伴って，コレクタ電流I_Cが増加

します。そして，トランジスタ内部に流れる I_C が増加することで，トランジスタの温度がさらに上昇するという悪循環が生じることがあります。この現象を熱暴走（thermal runaway）といいます。一方，FETは，温度が上昇するとドレイン電流 I_D が減少する負の温度特性を持っています。このため，トランジスタのような熱暴走を生じない利点があります。

(3) バイアス回路

トランジスタの場合と同じように，FETでもいくつかのバイアス回路を考えることができます。固定バイアス（fixed bias）回路は，2個の電源が必要になります。この固定バイアス回路において，V_{DS}-I_D 特性を示すグラフ上に，負荷線（load line）ABを引き，その中央付近に動作点（operating point）Pを設定した場合，V_{GS} は -1.0 V とすればよいことになります。動作点は，入力信号の正と負の領域を同じように増幅できるように，負荷線の中央付近に設定するのが一般的です。

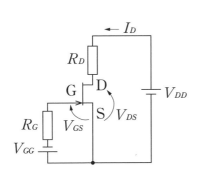

図 3-2　固定バイアス回路

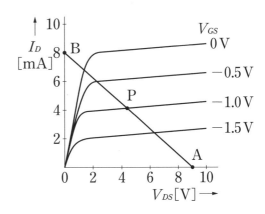

図 3-3　動作点の設定

自己バイアス（self bias）回路は，1個電源で構成でき，さらに固定バイアス回路よりも安定度がよいため，広く採用されています。

FETでも，トランジスタの電流帰還バイアス（current feedback bias）回路と同様の構成をしたバイアス回路を考えることができます。しかし，FETでは，ゲート電流が0であるため，電流帰還ではなく，自己バイアス回路の一種だと考えます。また，ゲート－ドレイン間に接続した抵抗 R_A が増幅回路の入力側に並列に挿入されることになり，増幅回路の入力インピーダンスが低くなります。このため，安定度は向上しますが，FETの利点のひとつである，入力インピーダンスが高いことを活用しにくくなります。

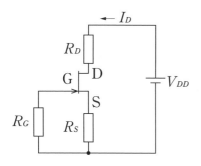

図3-4 自己バイアス回路1

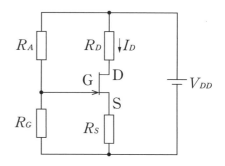

図3-5 自己バイアス回路2

> **例題 1**
>
> 図(a)の固定バイアス回路を用いたFET増幅回路について，次の(1)～(5)に答えなさい。ただし，FETは図(b)の特性を持っているとします。また，$V_{DD}=9\,\text{V}$ とし，ドレイン－ソース間の電圧 V_{DS} は，$V_{DS}=V_{DD}-I_D \cdot R_D$ で計算できるものとします。
>
>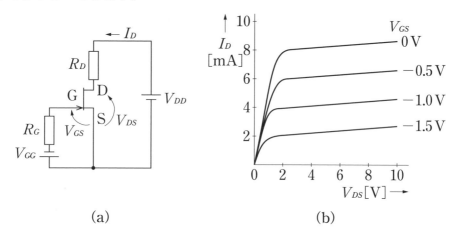
>
> (1) $I_D=8\,\text{mA}$ とするための抵抗 $R_D\,[\Omega]$ を求めなさい。
> (2) 図(b)に負荷線を書きなさい。
> (3) 負荷線の中央付近に動作点Pを設定したときの $V_{GS}\,[\text{V}]$ を求めなさい。
> (4) バイアス電圧 $V_{GG}\,[\text{V}]$ を求めなさい。
> (5) 抵抗 $R_G\,[\Omega]$ を求めなさい。

解き方

抵抗 $R_D\,[\Omega]$ の値は，問題で与えられた V_{DS} の式に $V_{DS}=0\,\text{V}$，$V_{DD}=9\,\text{V}$，$I_D=8\,\text{mA}$ を代入して計算します。また，図(b) V_{DS}-I_D 特性のグラフにおいて，横軸 V_{DS} が9Vの点と縦軸 I_D が8mAの点をつないだ直線が負荷線になります。

3.1 FETのバイアス回路

この負荷線の中央付近と交わるV_{GS}の値が(3)の答えです。FETでは，ゲート電流が流れないと考えてよいため，抵抗R_Gによる電圧降下はありません。このため，$V_{GS}=V_{GG}$となります。抵抗R_Gには電流が流れないため，500 k～2 MΩ程度の高抵抗を使用します。

[解答]

(1) $V_{DS}=V_{DD}-I_D \cdot R_D$ より，

$$R_D=\frac{V_{DD}-V_{DS}}{I_D}=\frac{9-0}{8\times 10^{-3}}=1125\ \Omega$$

(2)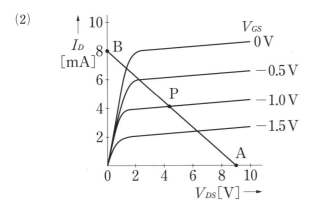

(3) $V_{GS}=-1.0\ \mathrm{V}$

(4) $V_{GG}=1.0\ \mathrm{V}$

(5) R_Gは，500 k～2 MΩ程度の高抵抗にします。

例題 2

次のFET増幅回路について，説明の ① ～ ⑪ の空欄を埋めて完成させなさい。

これは， ① バイアス回路と呼ばれる構成であり，ゲート電流は流れないので抵抗R_Gによる電圧降下は ② である。このため，次の式が成り立ちます。

$$V_{GS} = \boxed{③} = -I_D \cdot \boxed{④}$$
$$V_{DS} = \boxed{⑤} - I_D \cdot (\boxed{⑥} + R_S)$$

また，動作点Pを ⑦ の中央付近に設定する場合は，V_{DS}と抵抗R_Dの両端にかかる電圧を等しくすればよいので，

$$V_{DS} = R_D \cdot I_D = \frac{(V_{DD} - V_S)}{\boxed{⑧}} \quad より，$$

$$R_D = \frac{(V_{DD} - V_S)}{(2 \cdot \boxed{⑨})} \quad となります。$$

ソースに接続する抵抗R_Sは，次式で計算できます。

$$R_S = \frac{V_S}{\boxed{⑩}}$$

ソースに接続する抵抗R_Gは， ⑪ 程度の高抵抗とすればよいです。

以上のように考えれば，このバイアス回路を構成する抵抗R_D，R_S，R_Gを決めることができます。

解き方

自己バイアス回路を用いたEFTのソース接地増幅回路です。FETのゲート電流はゼロと考えてよいので，抵抗R_Gによる電圧降下はありません。このため，V_{GS}とV_Sは，電圧が等しい，逆の極性になります。V_{DS}については，キルヒホッフの法則を適応して，V_{DD}が「R_Dの端子電圧」+「V_{DS}」+「R_Sの端子電圧(V_S)」になることから考えます。

動作点を負荷線の中央付近に設定すれば，入力信号の正と負の領域を同じように増幅できるようになります。このためには，V_{DS}と抵抗R_Dの両端にかかる電圧が等しくなるようにします。抵抗R_Gは，電流が流れないので500k～2MΩ程度の高抵抗とします。

[解答]
① 自己　② 0　③ $-V_S$　④ R_S　⑤ V_{DD}　⑥ R_D
⑦ 負荷線　⑧ 2　⑨ I_D　⑩ I_D　⑪ 500 k〜2 MΩ

例題 3

次の FET 増幅回路について，説明の ① 〜 ⑤ の空欄を埋めて完成させなさい。

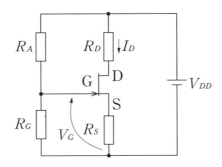

これは， ① バイアス回路と呼ばれる構成で， ② のよい増幅回路を構成できます。ゲート端子にかかる電圧 V_G は，抵抗 ③ の端子電圧と同じ値であり，次の分圧の関係式が成り立ちます。

$$V_G = \frac{\boxed{④}}{R_A + R_G} \cdot V_{DD}$$

このバイアス回路は，抵抗 R_A の影響によって，入力インピーダンスが ⑤ なります。

[解き方]

このバイアス回路の等価回路を考えると，抵抗 R_A が入力側に並列に挿入されます。このため，入力インピーダンスが低下します。

[解答]
① 自己　② 安定度　③ R_G　④ R_G　⑤ 低く

練習問題 12

1 図のバイアス回路について，次の(1)～(3)の問に答えなさい。

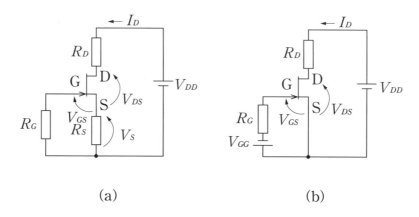

(a)   (b)

(1) それぞれのバイアス回路の名称を答えなさい。
(2) 図(a)のバイアス回路が，図(b)より優れている点を挙げなさい。
(3) 図(a)のバイアス回路について，抵抗 R_S, R_D, R_G の値を求めなさい。
ただし，$V_{DD}=10\,\mathrm{V}$, $I_D=5\,\mathrm{mA}$, $V_{GS}=-2.0\,\mathrm{V}$ とします。

2 FETに関する次の値を説明しなさい。
(1) ピンチオフ電圧
(2) ドレイン飽和電流

3 次の(1)～(2)について，簡単に説明しなさい。
(1) トランジスタ増幅回路における熱暴走
(2) FET増幅回路における熱暴走

3.2 FETの等価回路

キーワード
等価回路　定電流源　定電圧源　内部インピーダンス　ドレイン抵抗
相互コンダクタンス　増幅率　ゲート電流

ポイント

(1) 定電流源と定電圧源

トランジスタやFETの等価回路（equivalent circuit）は，定電流源（constant current source）または，定電圧源（constant voltage source）が用いられます。定電流源は，内部インピーダンス（internal impedance）が無限大であり，まわりの回路とは無関係に一定の電流を流す理想的な電流源のことです。また，定電圧源は，内部インピーダンスが0であり，まわりの回路とは無関係に一定の起電力を出力する理想的な電圧源のことです。

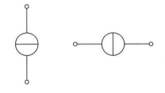

(a) 縦　　　(b) 横

図3-6　定電流源の図記号

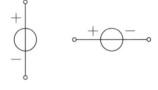

(a) 縦　　　(b) 横

図3-7　定電圧源の図記号

(2) 等価回路

FETを用いた回路を解析する場合などに，FET内部を簡単な構成で表現することができれば，回路にオームの法則やキルヒホッフの法則を適用して考えることが容易になります。トランジスタの場合と同様に，FETも等価回路として表現することができます。等価回路は，定電流源または，定電圧源を用いる表現に大別できます。

等価回路のドレイン－ソース間にある抵抗 r_d はFETのドレイン抵抗（drain resistance），g_m は相互コンダクタンス（mutual conductance），μ は増幅率（amplification factor）です。これらをFETの3定数といいます。また，FETにはゲート電流（gate current）が流れないため，ゲート端子はどこにも接続されない状態になっています。

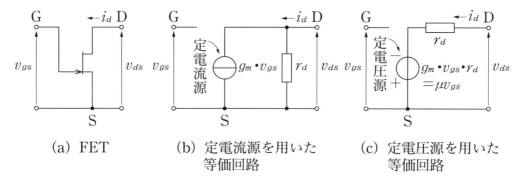

(a) FET　　　(b) 定電流源を用いた等価回路　　　(c) 定電圧源を用いた等価回路

図 3-8　ソース接地回路の等価回路

定電圧源を用いたゲート接地とドレイン接地の等価回路は，次のようになります。

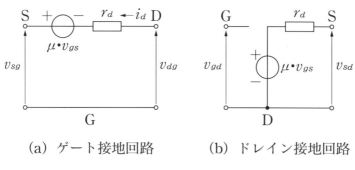

(a) ゲート接地回路　　　(b) ドレイン接地回路

図 3-9　定電圧源を用いた等価回路

(3) 増幅回路の等価回路

交流はコンデンサと直流電源を通過すると考えて，等価回路ではコンデンサ（C_1, C_2, C_3）及び，直流電源（V_{DD}）を短絡（ショート）します。自己バイアス回路を用いた図(a)のFETのソース接地増幅回路の等価回路は，図(b)のようになります。

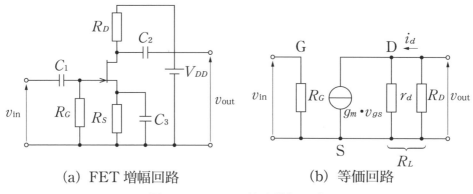

(a) FET 増幅回路　　　(b) 等価回路

図 3-10　ソース接地増幅回路

3.2 FETの等価回路

例題 1

トランジスタやFETの等価回路に用いる定電流源と定電圧源について，次の説明の ① ～ ⑧ の空欄を埋めて完成させなさい。

図(a)において，内部インピーダンスZ_iが ① であり，端子a−b間に接続する負荷が変化しても，電流i_iが ② である理想的な電流源を ③ という。また，図(b)において，内部インピーダンスZ_iが ④ であり，端子a−b間に接続する負荷が変化しても，起電力e_iが ⑤ である理想的な電圧源を ⑥ という。

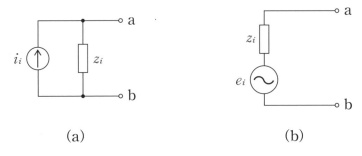

(a)　　　　　　　　(b)

図記号で示すと，図(a)の理想的な電流源は下図の ⑦ ，図(b)の理想的な電圧源は下図の ⑧ となります。

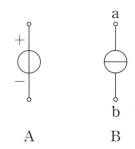

A　　　　B

解き方

理想的な電流源とは，まわりの回路と無関係に一定の電流を流す電源で，これを定電流源といいます。また，理想的な電圧源とは，まわりの回路と無関係に一定の起電力を出力する電源で，これを定電圧源といいます。実際の回路では，完全な定電流源や定電流源は存在しませんが，等価回路では考えやすくするために増幅回路などの動作を近似的にとらえることとし，定電流源や定電圧源を用います。定電圧源の図記号には，正負の記号を付けることに注意しましょう。

解答
① 無限　② 一定　③ 定電流源　④ 0　⑤ 一定　⑥ 定電圧源

89

⑦ B　⑧ A

例題 2

次に示すFETの接地方式(a)〜(c)に対応する等価回路をA〜Cから選びなさい。

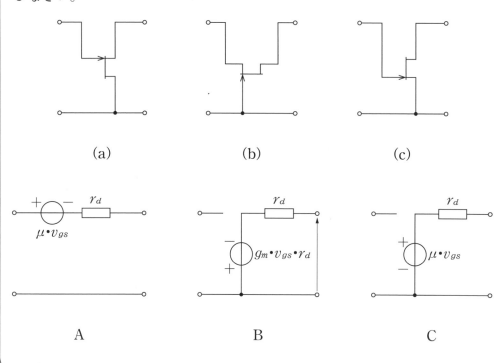

(a)　(b)　(c)

A　B　C

解き方

FETの接地方式は，(a) ドレイン接地，(b) ゲート接地，(c) ソース接地です。等価回路A〜Cには，いずれも定電圧源を用いています。FETのドレイン抵抗r_dは，等価回路においてドレイン－ソース間に入ります。また，FETのゲート電流はゼロであるため，ゲート端子はどこにも接続しない状態になっています。

解答

(a) C
(b) A
(c) B

3.2 FETの等価回路

例題 3

次の FET の等価回路とその説明について，①〜⑩の空欄に適切な用語や記号を埋めて完成させなさい。

これは，FET の ① 接地回路を ② 源を用いて表示した等価回路である。FET の端子はソースが ③ ，ドレインが ④ ，ゲートが ⑤ に対応する。各部の電圧を記号で示すと ⑥ ， ⑦ となり，各部の電流を記号で示すと ⑧ ， ⑨ となる。また，抵抗は ⑩ とよばれる。

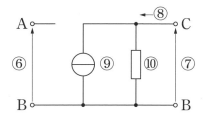

解き方

定電流源を用いたFETのソース接地回路を示す等価回路についての問題です。ドレイン抵抗 r_d がドレイン－ソース間に入ることや，FETのゲート電流はゼロであるためゲート端子はどこにも接続しない状態になることを考えれば，端子の位置③〜⑤がわかります。また，各部の電圧や電流の記号も端子名と対応させて考えます。

解答

① ソース　② 定電流　③ B　④ C　⑤ A　⑥ v_{gs}
⑦ v_{ds}　⑧ i_d　⑨ $g_m \cdot v_{gs}$　⑩ ドレイン抵抗

練習問題 13

1 次の説明について，①〜⑤に適切な用語を解答群から選んで完成させなさい。

トランジスタやFETを使った回路を設計したり，解析したりする場合，トランジスタやFETの内部を等価的に扱える ① を考えるとよい。増幅回路を動作させるための ② 成分を考えるバイアス回路に対して，増幅を行いたい交流信号について考える場合には， ③ についての等価回路を使用する。このとき，コンデンサは，高周波に対してインピーダンスが ④ なる性質があるため，交流についての等価回路では， ⑤ して書けばよい。

解答群
　A. 交流　　B. 直流　　C. 短絡　　D. 高周波　　E. 低く
　F. 高く　　G. 絶縁　　H. 等価回路

2 図のFETソース接地増幅回路について，次の(1)〜(3)の問に答えなさい。

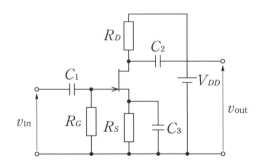

(1) 使用しているバイアス回路の名称を答えなさい。
(2) 定電流源を用いた等価回路を示しなさい。
(3) 定電圧源を用いた等価回路を示しなさい。

3.3 FET増幅回路

キーワード

増幅回路　自己バイアス回路　ソース接地増幅回路　入力インピーダンス
出力インピーダンス　電圧増幅度　電流増幅度　電力増幅度　等価回路
ドレイン抵抗　相互コンダクタンス　増幅率　利得

ポイント

(1) ソース接地増幅回路

FETを使った代表的な増幅回路（amplifier circuit）は，自己バイアス回路を用いたソース接地増幅回路です。ここでは，この増幅回路の入力インピーダンス（input impedance），出力インピーダンス（output impedance），電圧増幅度（voltage amplification），電流増幅度（current amplification），電力増幅度（power amplification）などについて説明します。

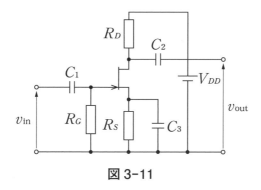

図 3-11

(2) 入力インピーダンスと出力インピーダンス

ソース接地増幅回路の交流に対する等価回路を考えます。図は，定電流源を使って表した等価回路です。

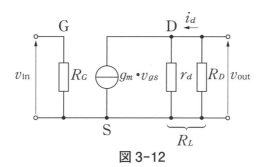

図 3-12

等価回路を考えると，増幅回路の入力インピーダンス Z_{in}，出力インピーダンス Z_{out} は，次式で表すことができます．

$$入力インピーダンス\ Z_{in} = R_G \quad \cdots\cdots\cdots 式 3.1$$

$$出力インピーダンス\ Z_{out} = \frac{r_d \cdot R_D}{r_d + R_D} \quad \cdots\cdots\cdots 式 3.2$$

抵抗 R_G は，500 kΩ～2 MΩ 程度の高抵抗が用いられるので，Z_{in} も大きな値となります．また，ドレイン抵抗（drain resistance）r_d は 100 kΩ 程度であるため，$r_d \gg R_D$ とすれば，$Z_{out} ≒ R_D$ と考えられます．

(3) 電圧増幅度

この増幅回路の電圧増幅度 A_v は次のように表すことができます．ただし，出力側の抵抗 r_d と R_D の並列合成抵抗を R_L としています．また，v_{out} の式にマイナスが付いているのは，ソース接地増幅回路の入力電圧と出力電圧が逆位相になっていることを示しています．これは，トランジスタのエミッタ接地増幅回路と同様です．g_m は，FET の相互コンダクタンス（mutual conductance）であり，通常は 1～10 mS 程度の値をもちます．FET 回路では，電圧増幅度 A_v を増幅率（amplification factor）μ で表すこともあります．

$$v_{in} = v_{gs} \quad \cdots\cdots\cdots 式 3.3$$

$$v_{out} = -g_m \cdot v_{gs} \cdot R_L \quad \cdots\cdots\cdots 式 3.4$$

$$電圧増幅度\ A_v = \frac{出力電圧}{入力電圧} = \frac{v_{out}}{v_{in}} = \frac{-g_m \cdot v_{gs} \cdot R_L}{v_{gs}} = -g_m \cdot R_L \quad \cdots\cdots\cdots 式 3.5$$

電圧増幅度 A_v は，利得（gain）G_v で表すこともできます．ただし，A_v は大きさ（絶対値）にして計算します．

$$電圧利得\ G_v = 20 \log A_v\ [\text{dB}] \quad \cdots\cdots\cdots 式 3.6$$

(4) 電流増幅度と電力増幅度

電流増幅度 A_i については，FET 単体の入力電流（ゲート電流）が 0 に限りなく近いことから，A_i は無限大（∞）であると考えられます．電力増幅度 A_p についても同様に無限大（∞）であると考えられます．ただし，FET の入力端子に値の小さい抵抗を接続した場合には，回路としての A_i や A_p もその影響を受けて小さくなります．

$$電流増幅度\ A_i = \frac{出力電流}{入力電流} = \frac{i_{out}}{i_{in}} = \frac{i_{out}}{i_{in} \to 0} = \infty \quad \cdots\cdots\cdots 式 3.7$$

3.3 FET増幅回路

例題 1

FET増幅回路について，次の(1)〜(4)の問に答えなさい。

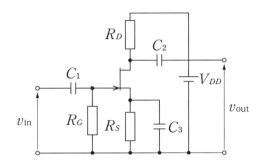

(1) 直流分を考えたバイアス回路を書きなさい。
(2) 交流分を考えた等価回路を定電流源を用いて書きなさい。
(3) コンデンサ C_1, C_2 の働きを答えなさい。
(4) コンデンサ C_3 の働きを答えなさい。

解き方

直流分はコンデンサを通過しないため，コンデンサを無視したバイアス回路を考えます。交流分については，コンデンサと直流電源を短絡した等価回路を考えます。コンデンサ C_1, C_2, C_3 は，どれも直流分をカットする働きをします。

解答

(1)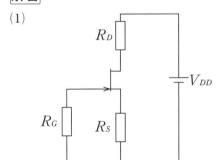

(2)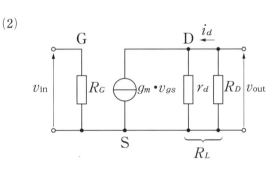

(3) コンデンサ C_1 は，増幅したい交流入力電圧 v_{in} から直流分を取り除き C_2 は，増幅した信号から直流分を取り除いた交流出力電圧 v_{out} が得られるような働きをしている。これらは，結合コンデンサまたは，カップリングコンデンサとよばれる。

(4) コンデンサ C_3 は，交流信号について抵抗 R_s を短絡することで，増幅度の低下を防ぐ働きをしており，バイパスコンデンサとよばれる。

例題 2

次に示す FET のソース接地増幅回路について，(1)〜(2)の値を答えなさい。ただし，FET の相互コンダクタンス $g_m=5\,\mathrm{mS}$，ドレイン抵抗 $r_d=1\,\mathrm{k\Omega}$ とします。

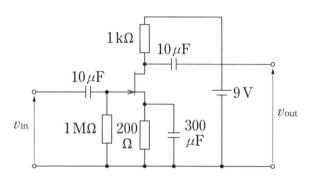

(1) 入力インピーダンス Z_in と出力インピーダンス Z_out
(2) 電圧増幅度 A_v と電圧利得 G_v

解き方

FET 自体の入力インピーダンスは無限大と考えます。増幅回路の出力インピーダンス Z_out は，R_D と r_d の合成並列抵抗になりますが，近似的に $r_d \gg R_D$ と考えてもかまいません。非常に大きな抵抗 r_d と小さな抵抗 R_D を並列に接続すれば，合成抵抗は小さな抵抗 R_D とほぼ同じ値になります。電圧増幅度は，$A_v = -g_m \cdot R_L$ で計算できます。値にマイナスの符号が付いているのは，入力電圧 V_in と出力電圧 v_out が逆位相であることを示しています。電圧利得は，$G_v = 20\log_{10}|A_v|$ で計算できます。

解答

(1) 入力インピーダンス $Z_\mathrm{in} = 1\,\mathrm{M\Omega}$

出力インピーダンス Z_out は R_D と r_d の合成並列抵抗 R_L になります。

$$Z_\mathrm{out} = \frac{R_D \cdot r_d}{R_D + r_d} = \frac{1 \times 100}{1 + 100} \fallingdotseq 0.99\,\mathrm{k\Omega}$$

$r_d \gg R_D$ と考えて，近似的に $Z_\mathrm{out} = 1\,\mathrm{k\Omega}$ としてもよいです。

(2) $R_L = Z_\mathrm{out} = 1\,\mathrm{k\Omega}$ とすれば，

$A_v = -g_m \cdot R_L = -5 \times 10^{-3} \times 1 \times 10^3 = -5$

$G_v = 20\log_{10}|A_v| = 20\log_{10}5 \fallingdotseq 14\,\mathrm{dB}$

例題 3

次に示す FET のソース接地増幅回路の等価回路について，電圧増幅度 A_v を求める式を書きなさい。

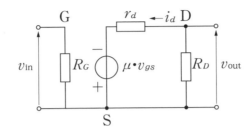

解き方

定電圧源を用いた FET のソース接地増幅回路の等価回路です。この等価回路の出力側から得られる式を使って，入力電圧 v_i の式を求めます。

$$(r_d + R_D) \cdot i_d = \mu \cdot v_{gs}$$

そして，出力電圧 v_o を示す式とあわせて，電圧増幅度 $A_v = \dfrac{v_o}{v_i}$ の式を導出します。得られた A_v の式が，定電流源を用いた等価回路から得られた式と一致することを確認しましょう。

解答

$(r_d + R_D) \cdot i_d = \mu \cdot v_{gs}$ より

$$v_i = v_{gs} = \frac{(r_d + R_D) \cdot i_d}{\mu}$$

$$v_o = -R_D \cdot i_d$$

$$A_v = \frac{v_o}{v_i} = \frac{-R_D \cdot i_d \cdot \mu}{(r_d + R_D) \cdot i_d} = \frac{-R_D \cdot \mu}{r_d + R_D}$$

ここで，$\mu = g_m \cdot r_d$ を上式に代入する。

$$A_v = \frac{-R_D \cdot g_m \cdot r_d}{r_d + R_D} = -g_m \cdot \frac{R_D \cdot r_d}{r_d + R_D}$$

R_D と r_d の並列合成抵抗を R_L とすれば，

$$A_v = -g_m \cdot R_L$$

となる。

練習問題 14

1 次に示す FET のソース接地増幅回路について，(1)〜(2)の値を答えなさい。ただし，記載した条件の通りとし，動作点は負荷線の中央付近に設定することとします。

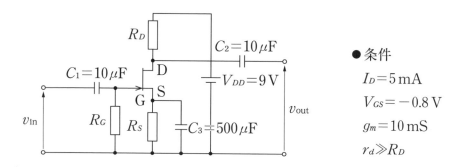

● 条件
$I_D = 5\,\mathrm{mA}$
$V_{GS} = -0.8\,\mathrm{V}$
$g_m = 10\,\mathrm{mS}$
$r_d \gg R_D$

(1) バイアス回路の抵抗 R_D，R_S，R_G
(2) 電圧増幅度 A_v と電圧利得 G_v

2 次に示す自己バイアス回路を用いた FET のソース接地増幅回路について，(1)〜(2)に答えなさい。

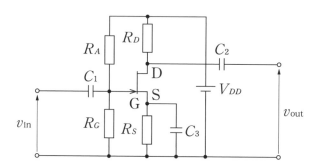

(1) 定電流源を用いた等価回路を書きなさい。
(2) 入力インピーダンス Z_{in} について説明しなさい。

Q&A 3 入出力インピーダンスの値

Q これまで,入力インピーダンスや出力インピーダンスを使った計算などについて学びました。これらの値の大きさについては,どのように考えればいいのでしょうか? 例えば,大きい方がよいのでしょうか。小さい方がよいのでしょうか?

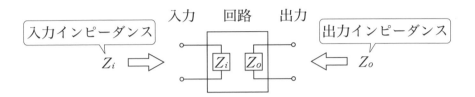

図 入出力インピーダンス

A ある回路を外側から見たとき,入力側の抵抗分を入力インピーダンス Z_i,出力側の抵抗分を出力インピーダンス Z_o といいます。二つの回路 A と回路 B を接続する場合を考えてみましょう。考えやすくするために,両方のインピーダンスを抵抗分だけの R_o, R_i としています。

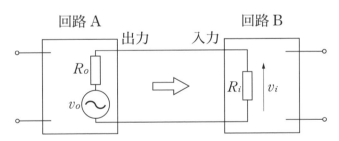

図 回路 A と回路 B の接続

回路 A の出力信号を効率よく,回路 B に入力信号として伝えることが理想的です。このとき,回路 A の出力インピーダンスと回路 B の入力インピーダンスが等しいとき ($R_o = R_i$),最も効率よく信号の電力が伝わります。このように,$R_o = R_i$ にすることを,インピーダンス整合をとるといいます。高周波信号を扱う回路では,回路内で多くの電力損失が生じるため,インピーダンス整合をとることが特に重要です。

しかし,インピーダンス整合がとれるように回路を設計す

るには大きな手間がかかります。このため，電力損失が少ない低周波信号を扱う回路では，電力ではなく，電圧を効率的に使えることを考えます。回路Aの出力電圧 v_o を回路Bの入力電圧 v_i として伝える場合は，次の関係が成り立ちます。

$$v_i = \frac{R_i}{R_o + R_i} v_o$$

この式では，R_i が R_o より十分に大きい場合（$R_o \ll R_i$）に，$v_i = v_o$ となります。つまり，回路Aの出力電圧が効率よく回路Aに伝わります。

$R_o \ll R_i$ のとき

$$v_i = \frac{R_i}{R_i} v_o = v_o$$

以上のような理由から，低周波信号を扱う回路では設計や回路を簡単にするために，インピーダンス整合にこだわらず，入力インピーダンスはできるだけ大きく，出力インピーダンスはできるだけ小さくなるように考えることが多いのです。

この章で学んだFETは，入力インピーダンスが大きい半導体なので，この点ではトランジスタよりも優れています。

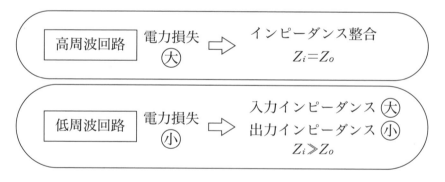

図　入出力インピーダンスの考え方

第4章や第5章で学ぶ電圧ホロア回路は，高入力インピーダンス，低出力インピーダンスの性能を備えた回路です。このため，信号の伝達を効率的に行えるようにする目的で，二つの回路間に挿入することがあります。

3章 FET回路
3.4 FET負帰還増幅回路

キーワード
逆位相　負帰還　負帰還増幅回路　電圧増幅度　周波数帯域　雑音
自己バイアス回路　バイパスコンデンサ　帰還回路　帰還抵抗　利得

👉 ポイント

(1) 負帰還

トランジスタ増幅回路と同じように，FET増幅回路でも出力信号を入力信号と逆位相（antiphase）にして，入力側に戻すことで負帰還（negative feedback）をかけることができます。負帰還増幅回路（negative feedback amplifier）にすると，電圧増幅度（voltage amplification）は低下しますが，安定して増幅できる周波数帯域（frequency band）が広がり，雑音（noise）を低減できるなどの利点が生じます。

(2) FET負帰還増幅回路

FETを用いたソース接地増幅回路では，出力信号が入力信号と逆位相になるので，出力信号をそのままの位相で入力側に戻せば負帰還がかかります。自己バイアス回路（self bias circuit）を用いたソース接地のFET増幅回路において，ソース端子に接続していたバイパスコンデンサ（bypass capacitor）C_3を取り外すと，抵抗R_Sが帰還回路（feedback circuit）の役目をし，負帰還増幅回路として動作します。

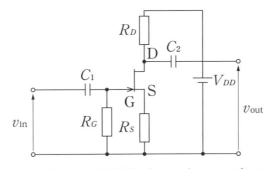

図3-13　FET負帰還増幅回路（バイパスコンデンサC_3なし）

また，FETのソース接地増幅回路において，バイパスコンデンサC_3を取り外すことなく，帰還抵抗R_f（feedback resister）を取り付けることでも負帰還増幅回路を構成できます。

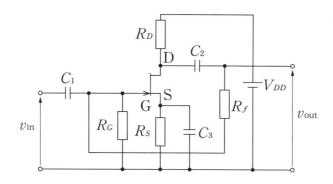

図 3-14　FET 負帰還増幅回路（帰還抵抗 R_f あり）

(3) 電圧増幅度

図3.4-1に示したバイパスコンデンサ C_3 を取り外すことで構成した負帰還増幅回路の電圧増幅度 A_{vf} は，次のように表すことができます。A_{vf} の導出については，**例題** 1 で確認してください。

$$A_{vf} = \frac{-g_m \cdot R_D}{1 + g_m \cdot R_S} \quad \text{………………………………………………………… 式 3.8}$$

この式の分子は，負帰還をかけない場合の電圧増幅度 A_v と近似的に等しくなります。分母の A_v を 1 より大きい分母で割っているので，$A_{vf} < A_v$ となります。

(4) 特性

FET 増幅回路について，負帰還の有無による周波数特性の例を示します。負帰還をかけると利得（gain）が低下していますが，100 Hz 以下の周波数領域でも安定した利得が得られています。

(a) 負帰還なし

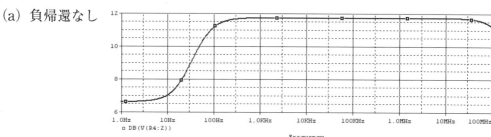

(b) 負帰還あり

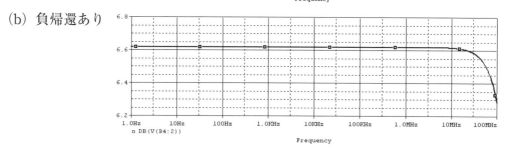

図 3-15　周波数特性の例

3.4 FET負帰還増幅回路

> **例題 1**
>
> 図のソース接地増幅回路について,次の(1)～(3)に答えなさい。
>
>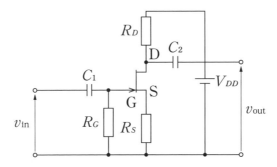
>
> (1) このような増幅回路の名称を何といいますか。
> (2) 定電流源を用いた等価回路を示しなさい。
> (3) 増幅回路の電圧増幅度 A_{vf} を求める式を導出しなさい。

解き方

自己バイアス回路を用いたソース接地のFET増幅回路において,ソース端子にバイパスコンデンサ C_3 を接続しないことで,抵抗 R_S を帰還回路として利用する負帰還増幅回路です。バイパスコンデンサがないために,交流分の等価回路では,R_S を短絡して考えることができません。このため,等価回路に R_S を記載する必要があります。負帰還をかけた場合の電圧増幅度 A_{vf} は,等価回路から v_{out}/v_{in} の式を求めることで導出します。導出過程では必要に応じて,$r_d \gg (R_D + R_S)$ などの近似を適用すると,式が簡単になります。

解答

(1) 負帰還増幅回路

(2)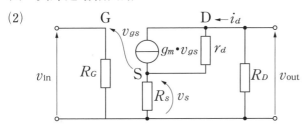

(3) $v_{out} = -i_d \cdot R_D$ より,$i_d = -\dfrac{v_{out}}{R_D}$ ·· 式①

$v_{gs} = v_{in} - v_s = v_{in} - i_d \cdot R_S$ ·· 式②

この式②に,式①を代入する。

$v_{gs} = v_{in} - \dfrac{v_{out} \cdot R_S}{R_D}$ ·· 式③

$$i_d = g_m \cdot v_{gs} + \frac{v_{out} - v_S}{r_d} = g_m \cdot v_{gs} + \frac{v_{out} - i_d \cdot R_S}{r_d} \quad \cdots\cdots 式 ④$$

式④を v_{out} の式に変形する。

$$v_{out} = (i_d - g_m \cdot v_{gs}) \cdot r_d + i_d \cdot R_S = -g_m \cdot v_{gs} \cdot r_d + (r_d + R_S) \cdot i_d \quad \cdots\cdots 式 ⑤$$

この式⑤に,式①と式③を代入する。

$$v_{out} = -g_m \cdot \left(v_{in} + \frac{v_{out} - v_S}{R_D} \right) \cdot r_d - (r_d + R_S) \cdot \frac{v_{out}}{R_D} \quad \cdots\cdots 式 ⑥$$

式⑥を $\frac{v_{out}}{v_{in}}$ の式に変形する。

$$A_{vf} = \frac{v_{out}}{v_{in}} = \frac{-g_m \cdot r_d \cdot R_S}{R_D + g_m \cdot r_d \cdot R_S + r_d + R_S}$$

$$= \frac{-g_m \cdot R_D}{1 + g_m \cdot R_S + \frac{R_D + R_S}{r_d}} \quad \cdots\cdots 式 ⑦$$

式⑦において,$r_d \gg (R_d + R_S)$ とする。

$$A_{vf} = \frac{-g_m \cdot R_D}{1 + g_m \cdot R_S} \quad \cdots\cdots 式 ⑧$$

例題 2

図の負帰還増幅回路について,次の(1)〜(3)に答えなさい。

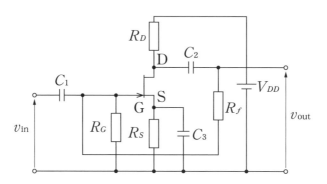

(1) 帰還回路の役割をしているのはどの部分ですか。
(2) 定電流源を用いた等価回路を示しなさい。
(3) 増幅回路の電圧増幅度 A_{vf} を求める式を導出しなさい。

3.4 FET負帰還増幅回路

解き方

自己バイアス回路を用いたソース接地のFET増幅回路において，ドレイン端子からの出力信号を帰還抵抗R_fによって入力側に戻す負帰還増幅回路です。等価回路では，R_fの接続位置に注意しましょう。また，バイパスコンデンサC_3が接続されているので，R_Sは短絡していると考えます。電圧増幅度A_{vf}は，等価回路からv_{out}/v_{in}の式を求めることで導出します。

解答

(1) 帰還抵抗R_f

(2)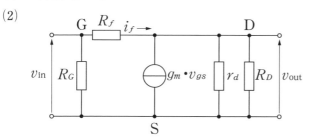

(3) $$i_f = \frac{v_{in} - v_{out}}{R_f} = g_m \cdot v_{gs} + \frac{v_{out}}{r_d} + \frac{v_{out}}{R_D} \quad \cdots\cdots 式⑨$$

この式⑨に，$v_{gs} = v_{in}$を代入して$\frac{v_{out}}{v_{in}}$の式に変形する。

$$A_{vf} = \frac{v_{out}}{v_{in}} = \frac{r_d \cdot R_D - g_m \cdot r_d \cdot R_D \cdot R_f}{R_f \cdot R_D + r_d \cdot R_f + r_d \cdot R_D} \quad \cdots\cdots 式⑩$$

この式⑩に，$g_m = \frac{\mu}{r_d}$を代入する。

$$A_{vf} = \frac{R_D \cdot (r_d - \mu \cdot R_f)}{R_f \cdot R_D + r_d \cdot R_f + r_d \cdot R_D} \quad \cdots\cdots 式⑪$$

式⑪において，$R_D \ll r_d$，$R_D \ll R_f$とする。

$$A_{vf} = \frac{R_D \cdot (r_d - \mu \cdot R_f)}{R_f \cdot R_D + r_d \cdot R_f} = \frac{-\mu \cdot R_D}{r_d + R_D} + \frac{r_d \cdot R_D}{R_f \cdot (r_d + R_D)}$$

$$= \frac{-\mu \cdot R_D}{r_d + R_D} \quad \cdots\cdots 式⑫$$

練習問題 15

1 図の負帰還増幅回路において，電圧増幅度 A_{vf} の大きさを 3 にしたい場合，相互コンダクタンス g_m がいくらの FET を使用すればいいですか。

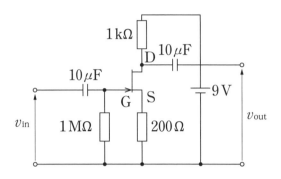

2 図の FET 増幅回路は，帰還抵抗 R_f によって負帰還をかけています。この R_f を接続したことで，次の(1)〜(3)の値はどのように変化するか答えなさい。

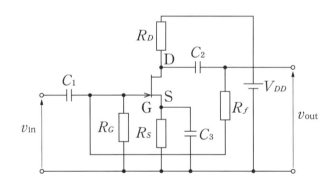

(1) 利得
(2) 入力インピーダンス
(3) 出力インピーダンス

4章 各種の増幅回路

　これまでに，トランジスタやFET（電界効果トランジスタ）を用いた増幅回路の基礎について学習しました。増幅回路は，用途によってさらに多くの構成法があります。例えば，入力インピーダンスや出力インピーダンスが適切な大きさであるかどうかが重要な回路，増幅時の雑音が小さいことが要求される回路，大きな電力の出力が必要とされる回路などが考えられます。

　本章では，これらの要求に対応できる回路として，電圧フォロア回路，差動増幅回路，電力増幅回路について説明します。いずれも，重要な増幅回路であり，応用範囲も広いので，回路の構成法や動作原理，特徴などを十分に理解しましょう。

4章 各種の増幅回路
4.1 電圧フォロア回路

キーワード

電圧フォロア回路　緩衝増幅回路　バッファ　入力インピーダンス
出力インピーダンス　電圧増幅度　相互干渉　エミッタフォロア回路
コレクタ接地　電流増幅率　同相　ソースフォロア回路　ドレイン接地
相互コンダクタンス　演算増幅器

ポイント

(1) 電圧フォロア回路

電圧フォロア回路（voltage follower circuit）は，緩衝増幅回路（buffer amplifier）やバッファ回路（buffer circuit）ともよばれる，次の特徴をもった増幅回路です

① 入力インピーダンスが大きい
② 出力インピーダンスが小さい
③ 電圧増幅度が1
④ 入力信号と出力信号の位相が同じ（同相（in-phase））

電圧フォロア回路は，接続したい電子回路AとB間に挿入することで，効率よい信号伝達を実現し（128ページQ＆A参照），回路の相互干渉（mutual interference）を防ぐ働きをします。

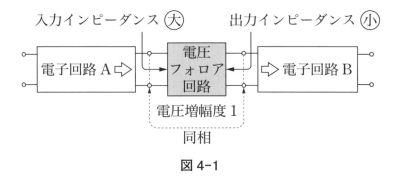

図4-1

(2) エミッタフォロア回路

図4-2に示す，トランジスタを用いた電圧フォロア回路をエミッタフォロア回路（emitter follower circuit）といいます。エミッタフォロア回路は，エミッタ端子から出力を取り出しており，コレクタ接地（common collector）の増

幅回路です。トランジスタの電流増幅率 h_{fe} は非常に大きな値なので，エミッタフォロア回路の入力インピーダンス Z_{in} は大きな値，出力インピーダンス Z_{out} は小さな値になります。また，電圧増幅度 A_v は 1 であり，入力信号と出力信号は同相になります。

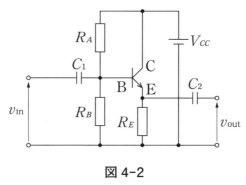

図 4-2

$$\left.\begin{array}{l} Z_{in} = h_{ie} + R_E \cdot (1 + h_{fe}) \\ Z_{out} = \dfrac{h_{ie}}{1 + h_{fe}} \\ A_v = 1 \end{array}\right\} \quad \cdots\cdots\cdots\text{式 4.1}$$

(3) ソースフォロア回路

図 4-3 に示す，FET を用いた電圧フォロア回路をソースフォロア回路 (source follower circuit) といいます。この回路は，ドレイン接地 (common drain) の増幅回路です。ゲートに接続する抵抗 R_G は高抵抗であり，FET の相互コンダクタンス g_m は小さい値なので，ソースフォロア回路の入力インピーダンス Z_{in} は大きな値，出力インピーダンス Z_{out} は小さな値になります。また，電圧増幅度 A_v は 1 であり，入力信号と出力信号は同相です。

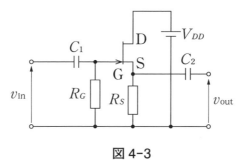

図 4-3

$$\left.\begin{array}{l} Z_{in} = R_G \\ Z_{out} = \dfrac{1}{g_m} \\ A_v = 1 \end{array}\right\} \quad \cdots\cdots\cdots\text{式 4.2}$$

(4) 演算増幅器を用いた電圧フォロア回路

電圧フォロア回路は，演算増幅器（オペアンプ）によって構成することもできます。演算増幅器については，第5章で説明します。

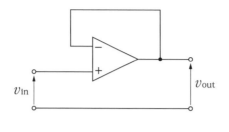

図 4-4

> **例題 1**
>
> 次の説明について，① ～ ⑧ の空欄に適する用語を解答群から選びなさい。
>
> 電圧フォロア回路は，入力インピーダンスが ① ，出力インピーダンスが ② 。また，入力信号と出力信号の位相は ③ であり，電圧増幅度は ④ である。この回路は，⑤ や ⑥ ともよばれ，トランジスタで構成した場合は ⑦ ，FETで構成した場合は ⑧ とよばれる。
>
> 解答群
> A. エミッタフォロア回路　B. 小さい　C. 無限大　D. 1　E. 大きい
> F. 同相　G. 逆位相　H. ソースフォロア回路　I. 緩衝増幅回路
> J. 無関係　K. 高周波増幅回路　L. 低周波増幅回路　M. バッファ回路

解き方

電圧フォロア回路は，緩衝増幅回路または，バッファ回路ともよばれ，入力インピーダンスが大きく，出力インピーダンスが小さい増幅回路です。また，電圧増幅度は1，入力信号と出力信号の位相は同じになります。トランジスタでは，コレクタ接地，FETではドレイン接地の増幅回路として構成できます。

解答
① E　② B　③ F　④ D
⑤⑥ I, M（順不同）　⑦ A　⑧ H

例題 2

次に示すエミッタフォロア回路について，(1)～(5)に答えなさい。

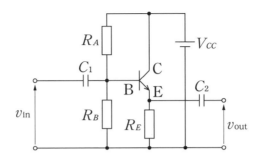

(1) 等価回路を書きなさい。ただし，抵抗 R_A と R_B の並列合成抵抗は非常に大きいと考えてよい。
(2) 入力電圧 v_{in} 求める式を導出しなさい。
(3) 出力電圧 v_{out} 求める式を導出しなさい。
(4) 電圧増幅度 A_v を求める式を導出しなさい。ただし，トランジスタについて $h_{ie} \ll h_{fe}$ と考えてよい。
(5) 入力インピーダンス Z_{in} を求める式を導出しなさい。

解き方

トランジスタのコレクタ接地増幅回路で構成した電圧フォロア回路です。交流分の等価回路に，オームの法則やキルヒホッフの法則を適用して，入力電圧 v_{in} や出力電圧 v_{out} の式を求めていきます。等価回路の入力側に並列接続される抵抗 R_A と R_B は非常に大きいという条件ですから，これらの抵抗は無視できます。また，電圧増幅度 $A_v = v_{out}/v_{in}$，入力インピーダンス $Z_{in} = v_{in}/i_b$ です。

解答

(1)

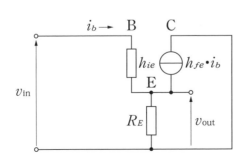

(2) $v_\text{in} = h_{ie} \cdot i_b + R_E \cdot (i_b + h_{fe} \cdot i_b)$

(3) $v_\text{out} = R_E \cdot (i_b + h_{fe} \cdot i_b)$

(4) $A_v = \dfrac{v_\text{out}}{v_\text{in}} = \dfrac{R_E \cdot (i_b + h_{fe} \cdot i_b)}{h_{ie} \cdot i_b + R_E \cdot (i_b + h_{fe} \cdot i_b)} = \dfrac{R_E \cdot (1 + h_{fe})}{h_{ie} + R_E \cdot (1 + h_{fe})}$

ここで $h_{ie} \ll h_{fe}$ として,分母の h_{ie} を無視する。

$$A_v = \dfrac{R_E \cdot (1 + h_{fe})}{R_E \cdot (1 + h_{fe})} = 1$$

(5) $Z_\text{in} = \dfrac{v_\text{in}}{i_b} = \dfrac{h_{ie} \cdot i_b + R_E \cdot (i_b + h_{fe} \cdot i_b)}{i_b} = h_{ie} + R_E \cdot (1 + h_{fe})$

例題 2

次に示すソースフォロア回路について,(1)〜(4)に答えなさい。

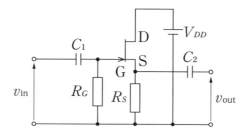

(1) 等価回路を書きなさい。
(2) 入力電圧 v_in 求める式を導出しなさい。
(3) 出力電圧 v_out 求める式を導出しなさい。
(4) 電圧増幅度 A_v を求める式を導出しなさい。ただし,$g_m \ll r_d, R_s$ と考えてよい。

解き方

FET のドレイン接地増幅回路で構成した電圧フォロア回路です。交流分の等価回路に,オームの法則やキルヒホッフの法則を適用して,入力電圧 v_in や出力電圧 v_out の式を求めていきます。

解答

(1)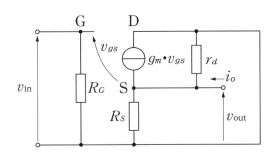

(2) $v_{in} = v_{gs} + v_{out}$

(3) $\dfrac{v_{out}}{R_S} = g_m \cdot v_{gs} - \dfrac{v_{out}}{r_d}$ より，

$\dfrac{v_{out}}{R_S} + \dfrac{v_{out}}{r_d} = g_m \cdot v_{gs}$

$v_{out} = \dfrac{g_m \cdot v_{gs}}{\dfrac{1}{R_S} + \dfrac{1}{r_d}}$ ……………………………………………………… 式①

(4) 式①に，$v_{gs} = v_{in} - v_{out}$ を代入して変形する。

$A_v = \dfrac{v_{out}}{v_{in}} = \dfrac{g_m}{g_m + \dfrac{1}{r_d} + \dfrac{1}{R_s}}$

$g_m \ll r_d, R_s$ とする。

$A_v = \dfrac{g_m}{g_m} = 1$

練習問題 16

1 次に示すバイアス回路について，(1)〜(5)に答えなさい。ただし，記載した条件の通りとします。

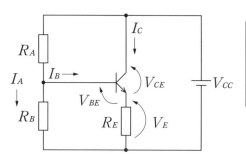

条件
$V_{CC}=9\,\text{V}$, $I_C=4\,\text{mA}$, $I_A=10 \cdot I_B$
$V_{BE}=0.5\,\text{V}$, $V_E=V_{CE}$, $h_{FE}=200$
$h_{ie}=3\,\text{k}\Omega$, $h_{fe}=200$

(1) 抵抗 R_A, R_B, R_E は，それぞれ次の式で計算できることを確認しなさい。

$$R_A = \frac{V_{CC}-(V_E+V_{BE})}{I_A+I_B}$$

$$R_B = \frac{V_E+V_{BE}}{I_A}$$

$$R_E = \frac{V_E}{I_C}$$

(2) 条件を適用して，抵抗 R_A, R_B, R_E の値を求めなさい。

(3) 電圧増幅度 A_v は，次の式で計算できることを確認しなさい。

$$A_v = \frac{v_{\text{out}}}{v_i} = \frac{R_E \cdot (1+h_{fe})}{h_{ie}+R_E \cdot (1+h_{fe})}$$

(4) 条件を適用して，電圧増幅度 A_v の値を求めなさい。

(5) このバイアス回路によって構成した増幅回路は，どのような機能として使用できますか。

4.2 差動増幅回路

キーワード

差動増幅回路　差分　同相　逆位相　雑音　直流増幅　演算増幅器
オペアンプ　集積回路　同相利得　差動利得　同相信号除去比

ポイント

(1) 差動増幅回路の特徴

差動増幅回路（differential amplifier circuit）は，二つの入力信号の差分（difference）を増幅して出力する回路です。

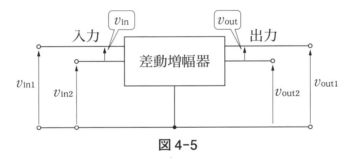

図 4-5

$$\left.\begin{array}{l}v_{in} = v_{in1} - v_{in2} \\ v_{out} = v_{out1} - v_{out2}\end{array}\right\} \quad \cdots\cdots\cdots 式 4.3$$

例えば，入力電圧 v_{in1} と v_{in2} が同相（in-phase）で同じ振幅のときは v_{in} が 0 になるため，出力電圧 v_{out} も 0 になります。しかし，入力電圧 v_{in1} と v_{in2} が逆同相（antiphase）で同じ振幅のときは v_{in} が v_{in1} または，v_{in2} の 2 倍の振幅となるため，出力電圧 v_{out} は大きな値になります。

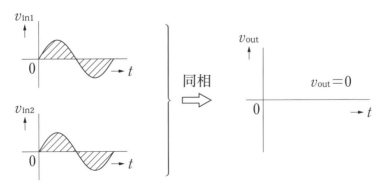

図 4-6

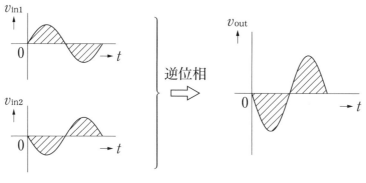

図 4-7

(2) 差動増幅回路の構成

差動増幅回路は，特性の揃った 2 個のトランジスタなどを用いて構成します。この回路で一つの入力信号 v_{in1} を増幅する場合は，他方の入力端子を接地するか，入力信号 v_{in1} と逆位相にした信号を加えます。

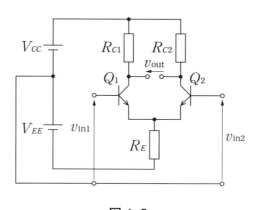

図 4-8

雑音（noise）は，差動増幅回路の二つの入力端子に同時に加わる確率が高いため，差分をとると打ち消され，出力には現れません。入力電圧が変動してしまった場合でも，入力変化の差分は 0 になります。また，差動増幅回路は，ベース端子に結合コンデンサを接続せずに動作させるので，直流増幅（direct current amplification）が行えます。差動増幅回路の電圧増幅度 A_v は，$R=R_{C1}=R_{C2}$ とすれば，次式で計算できます。式の導出は，4.1 節の **例題2** を参照してください。

$$v_{out} = -\frac{h_{fe}}{h_{ie}} \cdot R \cdot (v_{in1} - v_{in2}) \quad \cdots\cdots 式 4.4$$

差動増幅回路は，雑音などに強い高性能な増幅回路として，広く使用されています。次章で学ぶ演算増幅器（オペアンプ：operational amplifier）も，差動増幅回路を使用した集積回路（IC：integrated circuit）です。

(3) 差動増幅回路の性能

差動増幅回路に，同相で同じ振幅の入力信号を加えたときの電圧増幅度の大きさを同相利得（common mode gain）$|A_v|$，逆位相で同じ振幅の入力信号を加えたときの電圧増幅度の大きさを差動利得（differential gain）$|A_{vd}|$ といいます。本来は，利得ではなく増幅度なのですが，慣例でこのようにいうのが一般的です。これらの比を同相信号除去比（CMRR：common mode rejection ratio）いいます。CMRRの値が大きいほど，高性能な差動増幅回路であると考えられます。

$$\mathrm{CMRR} = \frac{|A_{vd}|}{|A_v|} \quad \text{式 4.5}$$

例題 1

次の説明について，①～⑩の空欄に適する用語を解答群から選びなさい。

差動増幅回路は，2種類の入力信号の ① を増幅する回路である。このため，差動増幅回路に ② で同じ振幅の入力信号を加えた場合の出力は0になる。雑音や入力信号の変動は，2種類の入力信号に同じように加わる可能性が ③ ため，差動増幅回路ではこれらの変動を ④ し，出力信号に影響を及ぼさない。また， ⑤ を使用しない回路構成にできるので， ⑥ 信号の増幅を行うことができる。高性能の差動増幅回路を構成するためには，特性の ⑦ トランジスタまたは，FETを使用する必要がある。

差動増幅回路の性能は， ⑧ と同相利得の比である ⑨ （CMRR）で示すことができ，この値が大きいほど ⑩ だと考えられる。

解答群
A. 同相　B. 逆位相　C. 加算　D. 結合コンデンサ　E. バイパスコンデンサ
F. 揃った　G. 乗算分　H. 差分　I. 高い　J. 低い　K. 直流　L. 交流
M. 相殺　O. 異なった　P. 同相信号除去比　Q. 低品質　R. 高性能
S. 差動利得　T. デシベル

解き方

差動増幅回路は，2種類の入力信号の差分を増幅する回路であり，次の特徴を

持っています。
- 雑音，入力電圧の変動が入力信号に加わる影響を受けにくい。
- 直流増幅が行える。
- 特性の揃った増幅用の素子（トランジスタやFET）が必要である。
- 性能の目安は，同相信号除去比（CMRR）で示すことができる。
- 演算増幅器（オペアンプ）としてIC化され，広く使用されている。

解答
① H　② A　③ I　④ M　⑤ D
⑥ K　⑦ F　⑧ S　⑨ P　⑩ R

例題 2

次に示す差動増幅回路について，(1)～(2)に答えなさい。

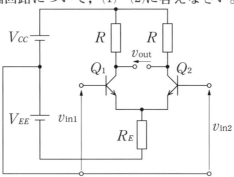

(1) 等価回路を書きなさい。
(2) 得られた等価回路と対応させて，次の ① ～ ⑩ の空欄に適する記号を埋め，出力電圧 v_{out} を求める式を導出しなさい。

$$\left.\begin{array}{l} v_{in1} = i_{b1} \cdot h_{ie} + i_e \cdot R_E \\ v_{in2} = i_{b2} \cdot h_{ie} + i_e \cdot \boxed{①} \end{array}\right\} \cdots\cdots 式A$$

$$\left.\begin{array}{l} i_{b1} = \dfrac{v_{in1} - i_e \cdot R_E}{\boxed{②}} \\ i_{b2} = \dfrac{v_{in2} - i_e \cdot R_E}{h_{ie}} \end{array}\right\} \cdots\cdots 式B$$

$$\left.\begin{array}{l} i_{c1} = h_{fe} \cdot i_{b1} \\ i_{c2} = h_{fe} \cdot \boxed{③} \end{array}\right\} \cdots\cdots 式C$$

$$\left.\begin{array}{l} v_{out1} = -\boxed{④} \cdot R \\ v_{out2} = -i_{c2} \cdot R \end{array}\right\} \cdots\cdots 式D$$

4.2 差動増幅回路

$$v_{out} = v_{out1} - v_{out2} \quad \cdots \quad \text{式 E}$$

この式 E に式 D を代入する。

$$v_{out} = R \cdot (-i_{c1} + \boxed{⑤}) \quad \cdots \quad \text{式 F}$$

この式 F に式 C を代入する。

$$v_{out} = R \cdot (-\boxed{⑥} \cdot i_{b1} + h_{fe} \cdot \boxed{⑦}) \quad \cdots \quad \text{式 G}$$

この式 G に式 B を代入する。

$$v_{out} = R \cdot \left(\frac{-h_{fe} \cdot (v_{in1} - i_e \cdot R_E)}{h_{ie}} + \frac{h_{fe} \cdot (\boxed{⑧} - i_e \cdot R_E)}{\boxed{⑨}} \right)$$

$$= \frac{h_{fe}}{h_{ie}} \cdot R \cdot (v_{in1} - \boxed{⑩}) \quad \cdots \quad \text{式 H}$$

解き方

等価回路は、二つのエミッタ接地のトランジスタ増幅回路が接続された構成になります。得られた等価回路に、オームの法則やキルヒホッフの法則を適用して、各部の電圧や電流を表す式を考えていきます。差動増幅回路に使用する 2 個のトランジスタ Q_1, Q_2 は、特性が揃っていることが条件なので、各トランジスタの h_{ie} と h_{fe} はそれぞれ同じ値として、同じ記号で扱います。この例題で最終的に導出したいのは、v_{out} を求める式です。

解答

(1)
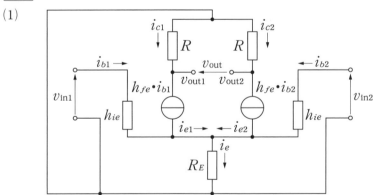

(2) ① R_E ② h_{ie} ③ i_{b2} ④ i_{c1} ⑤ i_{c2}
　　⑥ h_{fe} ⑦ i_{b2} ⑧ v_{in2} ⑨ h_{ie} ⑩ v_{in2}

練習問題 17

1 次に示す差動増幅回路について(1)〜(2)に答えなさい。ただし，記載した条件の通りとします。

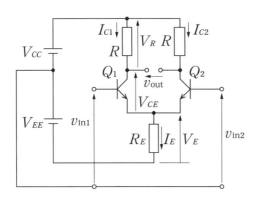
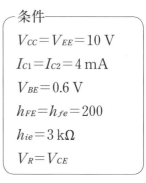

条件
$V_{CC}=V_{EE}=10\text{ V}$
$I_{C1}=I_{C2}=4\text{ mA}$
$V_{BE}=0.6\text{ V}$
$h_{FE}=h_{fe}=200$
$h_{ie}=3\text{ k}\Omega$
$V_R=V_{CE}$

(1) バイアス回路の抵抗 R，R_E の値を求めなさい。

(2) この差動増幅回路の入力電圧として $v_{in1}=2.5\text{ V}$，$v_{in2}=2.0\text{ V}$ を加えた時の出力電圧 v_{out} の値を求めなさい。

2 差動増幅回路 A と B の同相利得 $|A_v|$ と差動利得 $|A_{vd}|$ を測定したところ，以下のようなデータが得られました。同相信号除去比（CMRR）の観点からは，どちらの差動増幅回路が高性能であると考えられますか。

差動増幅回路	$|A_v|$	$|A_{vd}|$
A	5.5	60.8
B	8.5	72.3

4.3 電力増幅回路

キーワード

電力増幅回路　最大定格　放熱　A級　負荷線　動作点　B級
プッシュプル電力増幅回路　コンプリメンタリ回路　クロスオーバ歪み
ダーリントン回路

ポイント

(1) 電力増幅回路

電力増幅回路（power amplifier circuit）は，特に大きな出力を得たい場合に使用する増幅回路です．電力増幅回路に使用するトランジスタは，電圧や電流に対する最大定格（maximum rating）が大きく，出力に歪み（distortion）の少ないことが重要です．また，回路を構成する場合には，トランジスタの放熱にも配慮する必要があります．

(2) A級電力増幅回路

A級（A-class）電力増幅回路は，トランジスタの動作点を負荷線の中央に設定して動作させます．この方式では，入力信号の正と負の両領域を歪みの少ない状態で増幅できますが，入力信号が0のときでも直流電流が流れる欠点があります．

(3) B級プッシュプル電力増幅回路

動作点を負荷線の端点に設定すれば，大きな振幅の出力を得られますが，入力信号の正または，負のどちらか一方の領域しか増幅できません．このため，2個のトランジスタ Tr_1，Tr_2 を用いて，正と負の領域の増幅をそれぞれのトランジスタに担わせるのが，B級プッシュプル電力増幅回路（B-class push-pull power amplifier circuit）です．

入力信号の正または，負の領域を増幅するためのトランジスタ Tr_1，Tr_2 は，npn型とpnp型を組み合わせて使用します．このような構成をコンプリメンタリ回路（complementary circuit）といいます．この回路の Tr_1 と Tr_2 は，特性が揃っていることが必要です．図4-10に示す回路では，電源 V_{cc} を2個使用していますが，実用的な回路では，大容量のコンデンサを用いて1個の電源で動作するようにします．また，入力電圧がトランジスタのベース—エミッタ間の順方向電圧より小さい場合に生じるクロスオーバ歪み（crossover distortion）

を防ぐ対策もします。

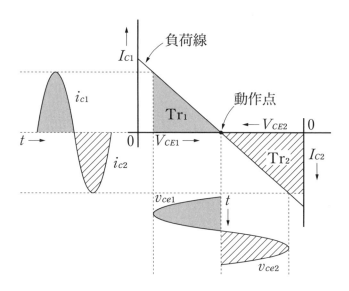

図 4-9　B 級プッシュプル電力増幅回路の V_{CE}-I_C 特性

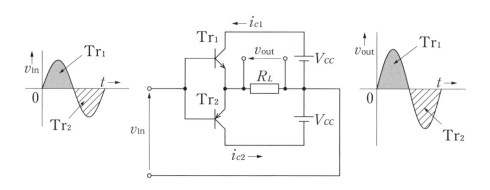

図 4-10　B 級プッシュプル電力増幅回路の構成

(4) ダーリントン回路

2個のトランジスタを図 4-11 のように接続した回路をダーリントン回路 (darlington circuit) といいます。ダーリントン回路全体は，等価的に1個のトランジスタと見なすことができ，その際の電流増幅率は，各トランジスタの h_{fe1} と h_{fe2} の積で表されます。つまり，たいへん大きな h_{fe} を得ることができます。また，ダーリントン回路にすると，入力インピーダンスが大きく，出力インピーダンスが小さくなる利点も生じます。

4.3 電力増幅回路

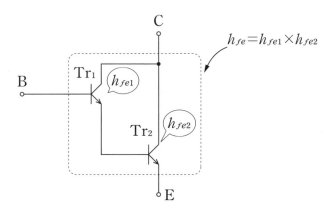

図4-11 ダーリントン回路

例題 1

図の回路について，(1)～(5)に答えなさい。

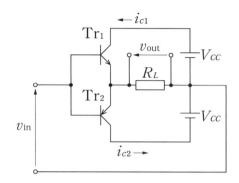

(1) 回路の名称は何といいますか。
(2) トランジスタ Tr_1 と Tr_2 のような組合せ方を何といいますか。
(3) 1個のトランジスタを考えた場合，動作点は負荷線のどこに設定しますか。
(4) 入力電圧 v_{in} を正弦波交流とした場合，トランジスタ Tr_1 と Tr_2 は v_{in} の正負どちらの領域の増幅を担いますか。
(5) この回路の欠点は何ですか。

解き方

B級プッシュプル増幅回路についての問題です。トランジスタ Tr_1 に npn 型，Tr_2 に pnp 型を使用するコンプリメンタリ回路です。トランジスタ Tr_1 はベースに正電圧が加わったときに順方向，トランジスタ Tr_2 はベースに負電圧が加わったときに順方向になるため，Tr_1 が入力電圧の正，Tr_2 が負の領域の増幅を担当します。各トランジスタの動作点は負荷線の端に設定して，正負どちらかの領域で大きな振幅の出力が得られるようにします。ただし，このままの回路構成では，電源が2個必要になり，クロスオーバ歪みが発生してしまいます。

解答

(1) B級プッシュプル増幅回路
(2) コンプリメンタリ回路
(3) 負荷線の端点
(4) Tr_1：正の領域，Tr_2：負の領域
(5) 電源が2個必要，クロスオーバ歪みが生じる

4.3 電力増幅回路

例題 2

図に示すプッシュプル増幅回路について，(1)〜(2)に答えなさい。

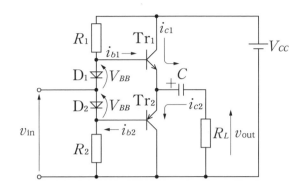

(1) 次の ① 〜 ⑤ の空欄に適する用語を解答欄から選びなさい。

この回路は，1個の電源で動作するようにしたプッシュプル増幅回路である。 ① 静電容量をもつコンデンサCは，トランジスタ Tr_1 がオンになって電流 ② が流れているときに ③ される。また，トランジスタ Tr_2 がオンになったときは ④ して，電流 ⑤ を流す。

解答群
  A. 放電   B. 大きな   C. i_{c2} D. 充電   E. i_{c1}

(2) 次の ① 〜 ⑦ の空欄に適する用語を解答欄から選びなさい。

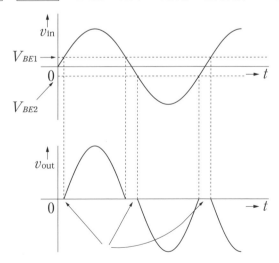

上の図は， ① D_1 と D_2 を接続しない場合の，入力電圧 v_{in} と出力電圧 v_{out} の関係を示している。D_1 と D_2 を接続しない場合は，トランジスタのベ

125

ース―エミッタ間の順方向電圧に ② 入力電圧 v_{in} では電流 i_{b1}, i_{b2} が流れないため，増幅が行われない。このため，図のような ③ が発生してしまう。D_1 と D_2 を接続すると，これらの順方向電圧が ④ としてトランジスタの ⑤ に加わるため，③ の発生を防ぐことができる。また，D_1 と D_2 の順方向電圧 V_{BB} とトランジスタのベース－エミッタ間電圧 V_{BE} の温度に対する変化量がほぼ同じなので，回路の ⑥ がよくなる。しかし，D_1 と D_2 の接続によって，動作点は ⑦ の端点から少し移動する。

解答群
　A. 負荷線　　B. ダイオード　　C. 安定度　　D. バイアス電圧
　E. クロスオーバ歪み　　F. 達しない　　G. ベース

解き方

B級プッシュプル増幅の基本動作を示す回路では，電源が2個必要になることと，クロスオーバ歪みが生じる欠点があります。この例題では，これらの欠点を補う方法について説明しています。それぞれの欠点は，大容量のコンデンサの充放電を利用すること，ダイオードの順方向電圧 V_{BB} をトランジスタのバイアス電圧とすることで解決します。また，温度変化によるダイオードの順方向電圧 V_{BB} とトランジスタのベース－エミッタ間電圧 V_{BE} の変動が打ち消しあうため，回路の安定度が向上します。

解答

(1) ① B　② E　③ D　④ A　⑤ C

(2) ① B　② F　③ E　④ D　⑤ G　⑥ C　⑦ A

練習問題 18

1 図は，トランジスタ増幅回路の $V_{CE}-I_C$ 特性を示している。A級増幅回路とB級増幅回路の場合，動作点を設定する位置はそれぞれ①～③のどこになりますか。

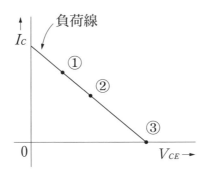

2 プッシュプル増幅回路について，間違っている説明はどれですか。
① コンプリメンタリ回路のトランジスタの特性は揃っていることが必要である。
② コンプリメンタリ回路のトランジスタは，npn 型または，pnp 型のどちらかに統一する。
③ クロスオーバ歪みを避けるためにダイオードを接続する方法がある。

3 図において，トランジスタ Tr_1 の電流増幅率 $h_{fe1}=120$，Tr_2 の電流増幅率 $h_{fe2}=140$ のとき，回路全体の電流増幅率 h_{fe} はいくらになりますか。また，回路全体を等価的に1個のトランジスタと見たとき，①～③の端子名を答えなさい。

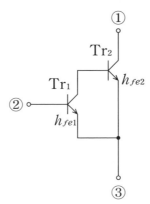

Q&A 4 増幅回路の級

Q これまで，A級電力増幅回路やB級プッシュプル電力増幅回路について学びました。これらの級は，何を基準にして決められるのでしょうか？

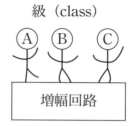

図1 増幅回路の級

A 負荷線や動作点については，第2章で説明しました。増幅回路において，図のような位置に動作点Pを設定した場合を考えてみましょう。入力電流 i_b は，動作点Pを中心にして変化しますが，i_b が負のとき，一部の領域が負荷線の範囲から外れてしまい，このときは出力電流 i_c を得ることができません。つまり，出力電流 i_c が歪んでしまいます。

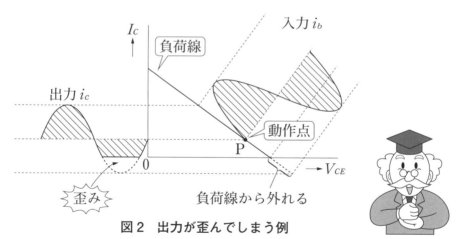

図2 出力が歪んでしまう例

入力電流 i_b の正と負の両領域を歪みのない状態で増幅したい場合は，動作点を負荷線の中央付近に設定します。このように設定した場合をA級増幅回路といいます。A級増幅回路は，出力電流 i_c が歪まない利点がある一方で，入力電流 i_b が0のときでも直流電流が流れるため電力効率が悪いのが欠点です。ただし，実際の回路では，トランジスタの特性などの影響で，歪みは0にはなりません。

128

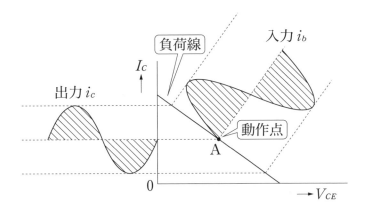

図3　A級増幅回路の動作点

本章で学んだB級増幅回路はで，動作点を負荷線の端に設定します。この場合は，入力電流i_bの正の領域でしか出力電流i_cを得ることができません。しかし，A級よりも大きな振幅の入出力電流を扱うことができます。このため，入力電流i_bの負の領域を担当する別のトランジスタを用意することで，入力電流i_bの正と負の両領域を増幅できるようにします。この方式をプッシュプルといいます。B級増幅回路は，入力電流i_bが0のときに直流電流が流れないため電力効率がよいのが利点です。

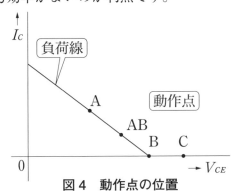

図4　動作点の位置

動作点をA級とB級の間に設定する（図1）増幅回路をAB級といいます。AB級は，出力電流i_cが歪みますが，A級よりも電力効率がよくなる利点があります。動作点をB級よりさらに右側に移動した位置に設定する増幅回路をC級といいます。出力電流i_cが大きく歪みますが，電力効率がより向上する利点があります。C級増幅回路は，歪みの影響を補うため，周波数同調回路などを併用して，高周波増幅回路に使用されることが多いです。

このように，増幅回路の級は，動作点の設定位置をもとにして名称が決められています。

5章 オペアンプ回路

　これまでに，いろいろな増幅回路について学習しました。増幅回路は，それ自体が電子回路ですが，見方を変えると，多くの電子回路内に組み込まれて使用される基本機能であると捉えることもできます。このため，高性能な増幅回路を基本機能として用意しておけば，広い用途で便利に使用することができます。
　オペアンプ（演算増幅器）は，高性能な増幅回路の機能をもった集積回路（IC）として製品化され，たいへん広い用途で使用されています。つまり，電子回路を構成する場合に大活躍する電子デバイスです。
　本章では，オペアンプ回路の基本として，反転増幅回路，非反転増幅回路，電圧フォロア回路などについて説明します。いずれも，応用範囲の広い基礎事項なのでしっかりと理解しましょう。

5.1 オペアンプ回路

5章 オペアンプ回路

キーワード

オペアンプ　演算増幅器　集積回路　差動増幅回路　反転入力　非反転入力
電源　バイパスコンデンサ　利得帯域幅積　GB積　スルーレート
入力オフセット電圧　電源電圧変動除去比　同相信号除去比　CMRR

ポイント

(1) オペアンプ回路の特徴

オペアンプ（operational amplifier）回路は，演算増幅器ともよばれる高性能な増幅回路であり，集積回路（IC：integrated circuit）として市販されています。オペアンプ回路の内部は，差動増幅回路（differential amplifier circuit）を基本とした構成になっていて，雑音の影響を受けにくい，増幅度が大きい，入力インピーダンスが大きい，出力インピーダンスが小さい，直流～数十 MHz の信号を増幅できるなどの長所があります。ただし，高周波信号の増幅には向かないのが短所です。

(a) 外観　　　　　　　　(b) ピン配置（NMJ4580）

図 5-1　オペアンプ回路 IC

オペアンプ回路は，入力として，反転入力（inverting input）端子と非反転入力（non-inverting input）端子をもっています。図記号は，JIS（Japanese Industrial Standards：日本工業規格）で規定されていますが，慣用的には三角形の図記号が使用されることが多いです。

132

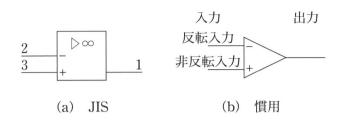

(a) JIS　　　　　(b) 慣用

図 5-2　オペアンプ回路の図記号

(2) オペアンプ回路の電源

オペアンプ回路は，差動増幅回路であるため，基本的に 2 個の電源を接続して動作させます。C_1，C_2 は電源の高周波雑音を除去するためのバイパスコンデンサ（bypass capacitor）であり，できるだけオペアンプ回路 IC に近い場所に接続します。実際の回路図では，電源部の記載を省略する場合もあります。また，使用しやすいように，1 個の電源で動作する単電源仕様のオペアンプ回路 IC も市販されています。

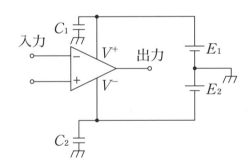

図 5-3　オペアンプ回路の電源接続

(3) オペアンプ回路の性能

オペアンプ回路の性能は，以下の指標で表すことができます。

① 利得帯域幅積（GB 積：gain‒bandwidth product）

　増幅する信号の周波数が高くなるに従って，増幅利得は低下する特性があります。利得帯域幅積［Hz］は，この特性を電圧増幅度と周波数の積として示す指標です。

② スルーレート（slew rate）

　出力の変化を 1μs 当たりの電圧の変化量として示す指標です。スルーレート［V/μs］が大きいほど高性能です。

③　入力オフセット電圧（input‐offset voltage）
　　両方の入力端子をグラウンドに接続した場合に，出力電圧が0Vになるよう，入力端子に加える必要のある電圧のことです。
④　電源電圧変動除去比（power supply rejection ratio）
　　電源電圧の変動分と，それに対する入力オフセット電圧の変動分の比をデシベルで表す指標です。この値が大きいほど高性能です。
⑤　同相信号除去比（CMRR：common mode rejection ratio）
　　オペアンプ回路の内部で使用されている差動増幅回路の性能を示す指標です。この値が大きいほど高性能です。

5.1 オペアンプ回路

例題 1

次の説明について，オペアンプ回路の特徴として間違っているものを選びなさい。
① 入力インピーダンスが大きい
② 出力インピーダンスが小さい
③ 雑音の影響を受けにくい
④ 直流の信号を増幅できる
⑤ 高周波信号の増幅に適している
⑥ 増幅度が大きい

解き方

オペアンプ回路は，高性能な差動増幅回路と捉えることができます。このため，説明⑤以外は，差動増幅回路の特徴としてオペアンプ回路に当てはまります（第4章2節参照）。しかし，オペアンプ回路で増幅する信号の周波数が高くなると，電圧利得は減少します。実際のオペアンプ回路で増幅できる信号は，数十MHzだと考えるとよいでしょう。つまり，オペアンプ回路は高周波信号の増幅には向いていません。

解答
⑤

例題 2

次に示すオペアンプ回路の図記号で，端子①，②，③として適切な名称を解答群から選びなさい。

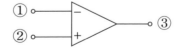

解答群
　A．非反転入力　　B．反転入力　　C．出力

解き方

慣用的によく使用される三角形の図記号で示したオペアンプ回路についての例題です。オペアンプ回路は，入力として，反転入力端子（−）と非反転入力端子

（＋）をもっています。反転入力端子は逆相入力端子，非反転入力端子は同相入力端子とよばれることもあります。出力端子は，三角形の右側にある頂点から出ています。

|解答|
① B　② A　③ C

> **例題 3**
>
> 次に示す図記号を用いて，オペアンプ回路に正しく電源とバイパスコンデンサが接続されるように配線しなさい。ただし，必要に応じてグラウンド（アース）の図記号を増やして使用しなさい。また，バイパスコンデンサ C_1，C_2 の役割について説明しなさい。

|解き方|

オペアンプ回路は，基本的に2個の電源を使用して動作させます。バイパスコンデンサは，主として電源の高周波雑音を除去する役割を担っています。このため，実際に回路を構成する場合には，できるだけオペアンプ回路ICに近い場所に接続し，直前で雑音を除去するようにします。

|解答|

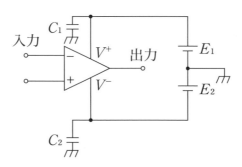

バイパスコンデンサは，電源の高周波雑音を除去する役割をします。

例題 4

次に示すのは，あるオペアンプ回路の入力信号と出力信号の波形です。これらの波形から，オペアンプ回路のスルーレートの値を計算しなさい。

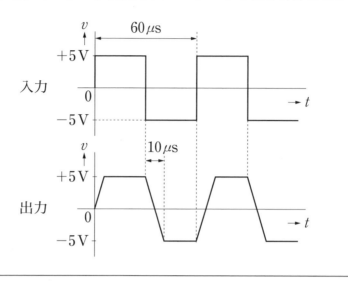

解き方

スルーレート SR は，次式で計算できます。ΔV は出力電圧の変化量，Δt は [μs] を単位とする時間の変化量です。スルーレートの単位は [V/μs] となります。

$$SR = \frac{\Delta V}{\Delta t} \ [\text{V}/\mu\text{s}]$$

この例題では，$\Delta V = 10\,\text{V}$，$\Delta t = 10\,\mu\text{s}$ となります。スルーレートの値が大きいほど，入力信号の変化に高速に追従できる高性能なオペアンプ回路であるといえます。

解答

$$SR = \frac{\Delta V}{\Delta t} = \frac{10}{10} = 1\,\text{V}/\mu\text{s}$$

練習問題 19

1 次に示すのは，あるオペアンプ回路の周波数－電圧利得特性である。このグラフについて，(1)～(4)に答えなさい。

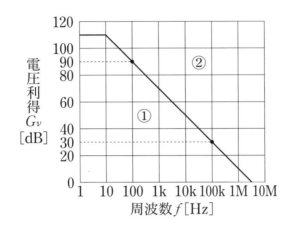

(1) 周波数が 100 Hz 及び，100 kHz のときの電圧増幅度 A_v をそれぞれ計算しなさい。

(2) 周波数が 100 Hz 及び，100 kHz のときの利得帯域幅積（GB 積）をそれぞれ計算しなさい。ただし，利得帯域幅積（GB 積）は，電圧増幅度×周波数で計算することとします。

(3) 上記(2)の結果を踏まえて，利得帯域幅積（GB 積）の値について説明しなさい。

(4) このオペアンプ回路が動作しないのは，グラフの①，②どちら側の領域か答えなさい。

2 高性能なオペアンプ回路としては，次の指標の値が大きい程よいのか，または小さい程よいのかを答えなさい。

① 利得帯域幅積
② スルーレート
③ 入力オフセット電圧
④ 電源電圧変動除去比
⑤ 同相信号除去比

5.2 オペアンプ増幅回路

キーワード
電圧増幅度　負帰還　帰還抵抗　入力インピーダンス　イナジナリショート
仮想短絡　反転増幅回路　逆位相　非反転増幅回路　同相

ポイント

(1) イナジナリショート

オペアンプは，非常に大きい電圧増幅度（power amplification）をもっているため，負帰還（negative feedback）をかけて使用するのが一般的です。図に示すオペアンプ増幅回路では，抵抗R_2を帰還抵抗（feedback resister）として，次のように動作します。

① 入力電圧v_{in}の極性が正のときは，オペアンプの反転入力端子Aも正になるため，出力端子Cには負の出力電圧v_{out}が現れます。

② 負のv_{out}は帰還抵抗R_2によって入力側に戻されるため，正だった端子Aの電位は下がっていきます。

③ 端子Aの電位が0を下回って負になると，出力端子Cには正のv_{out}が現れます。

④ 正のv_{out}は帰還抵抗R_2によって入力側に戻されるため，負だった端子Aの電位は先程とは逆に上がっていきます。

⑤ 以上の動作は，一瞬のうちに繰り返されるため，端子Aはグラウンドと同じ電位0で安定します。

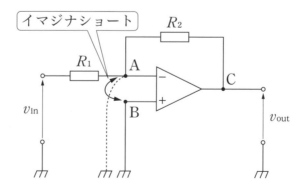

図5-4　オペアンプ増幅回路におけるイナジナリショート

端子Aの電位が0ということは，グラウンドに接続されている非反転入力端子Bと同じ電位であると考えられます。つまり，オペアンプの入力インピーダンス（input impedance）は非常に大きいにもかかわらず，この回路ではオペアンプの入力端子AとBがショート（短絡）していると考えてよいのです。この現象を，イナジナリショート(imaginary short)，または仮想短絡といいます。

(2) 反転増幅回路

オペアンプを用いた反転増幅回路（inverting amplifier circuit）では，出力電圧v_{out}が入力電圧v_{in}の逆位相（antiphase）になります。入力端子AとBがイナジナリショートしていることを考えて式を立てると，電圧増幅度A_{vf}は次のように導出できます。

$$i = \frac{v_{in}}{R_1} \quad \cdots \cdots \text{式 5.1}$$

$$v_{out} = 0 - i \cdot R_2 = -\frac{R_2}{R_1} \cdot v_{in} \quad \cdots \cdots \text{式 5.2}$$

$$A_{vf} = \frac{v_{out}}{v_{in}} = -\frac{R_2}{R_1} \quad \cdots \cdots \text{式 5.3}$$

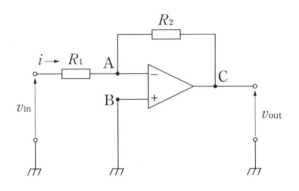

図 5-5　反転増幅回路

(3) 非反転増幅回路

オペアンプを用いた非反転増幅回路（non-inverting amplifier circuit）では，出力電圧v_{out}が入力電圧v_{in}と同相（in-phase）になります。非反転増幅回路でも，イナジナリショートが生じていますので，電圧増幅度A_{vf}は次のように導出できます。

$$v_{in} = i \cdot R_1 \quad \cdots \cdots \text{式 5.4}$$

$$v_{out} = i \cdot (R_1 + R_2) \quad \cdots \cdots \text{式 5.5}$$

$$A_{vf} = \frac{v_\text{out}}{v_\text{in}} = 1 + \frac{R_2}{R_1} \quad \cdots\cdots\cdots 式 5.6$$

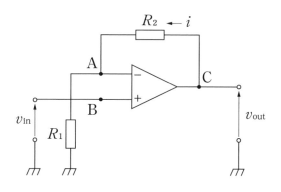

図 5-6　非反転増幅回路

　このように，オペアンプを用いた反転増幅回路，非反転増幅回路は，どちらも電圧増幅度 A_{vf} を 2 個の抵抗 R_1，R_2 の値によって簡単に設定できるのが長所です。上に示したオペアンプ増幅回路では，電源回路の記載を省略しています。また，交流増幅を行う場合には，直流分をカットするために，トランジスタ増幅回路などと同様に，入力側と出力側に結合コンデンサを接続するのが一般的です。

例題 1

次に示すオペアンプ増幅回路について，(1)〜(5)に答えなさい。

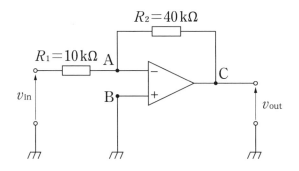

(1) 増幅回路の名称
(2) 端子 A，B からみたオペアンプの入力インピーダンスは大きいか小さいか
(3) 端子 A，B の電位
(4) 端子 A−B 間が(3)のようになることに関係している現象名
(5) 増幅回路の電圧増幅度

解き方

オペアンプを用いた反転増幅回路についての例題です。この増幅回路では，イマジナリショート（仮想短絡）が生じています。このために，オペアンプの入力インピーダンスは非常に大きいにもかかわらず，端子 A の電位は，グラウンドと同じになっています。すなわち，端子 A は，端子 B と同じ電位であり，両端子はショート（短絡）していると考えられます。反転増幅回路の電圧増幅度 A_{vf} は，抵抗 R_1 と R_2 の比として，次式で計算できます。

$$A_{vf} = -\frac{R_2}{R_1}$$

解答

(1) 反転増幅回路
(2) 大きい
(3) どちらもグラウンドの電位と同じ
(4) イマジナリショート（仮想短絡）
(5) $A_{vf} = -\dfrac{R_2}{R_1} = -\dfrac{40 \times 10^3}{10 \times 10^3}$
　　　$= -4$

5.2 オペアンプ増幅回路

例題 2

次に示す図記号を用いて，オペアンプ回路を用いた非反転増幅回路を描きなさい。ただし，帰還抵抗は R_2 とします。また，$R_1 = 20\,\text{k}\Omega$，$R_2 = 100\,\text{k}\Omega$ としたときの電圧増幅度 A_{vf} を計算しなさい。

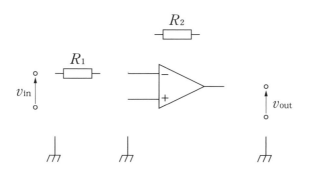

解き方

オペアンプを用いた非反転増幅回路と反転増幅回路は，重要な基本回路なので，どちらもきちんと回路図を描けるようにしておきましょう。非反転増幅回路の場合は，入力電圧 v_in の正側をオペアンプの非反転入力端子に接続します。そして，反転入力端子はグラウンドに接続します。また，非反転増幅回路の電圧増幅度 A_{vf} は，次式で計算できます。

$$A_{vf} = 1 + \frac{R_2}{R_1}$$

解答

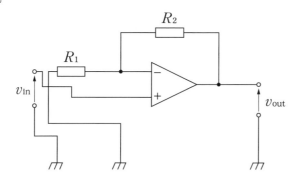

$$A_{vf} = 1 + \frac{R_2}{R_1} = 1 + \frac{100}{20} = 1 + 5 = 6$$

例題 3

次に示す図記号を用いて，オペアンプ回路を用いた反転増幅回路を描きなさい。ただし，帰還抵抗は R_2 とします。また，$R_1 = 15\,\text{k}\Omega$，$R_2 = 60\,\text{k}\Omega$ としたときの電圧増幅度 A_{vf} を計算しなさい。

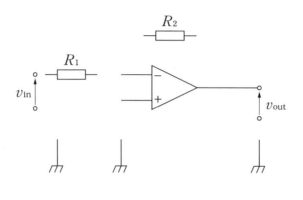

解き方

オペアンプを用いた反転増幅回路の場合は，入力電圧 v_in の正側をオペアンプの反転入力端子に接続します。そして，非反転入力端子はグラウンドに接続します。また，反転増幅回路の電圧増幅度 A_{vf} は，次式で計算できます。

$$A_{vf} = -\frac{R_2}{R_1}$$

解答

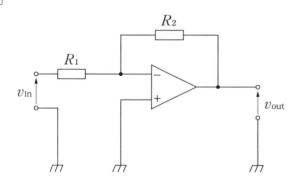

$$A_{vf} = -\frac{R_2}{R_1} = -\frac{60}{15} = -4$$

練習問題 20

1 次に示すオペアンプ増幅回路について，(1)〜(3)に答えなさい。

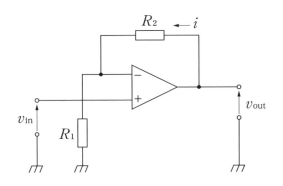

(1) 電流 i と抵抗 R_1 を用いて，入力電圧 v_{in} を示す式を示しなさい。
(2) 電流 i と抵抗 R_2 を用いて，出力電圧 v_{out} を示す式を示しなさい。
(3) 上で求めた2つの式から，電圧増幅度 A_{vf} の式を導出しなさい。

2 次に示すオペアンプ増幅回路について，(1)〜(3)に答えなさい。

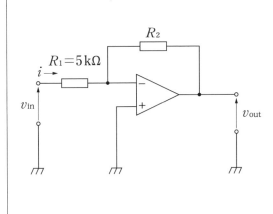
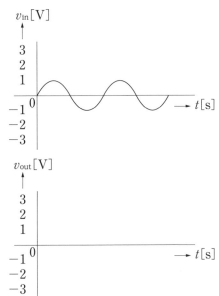

(1) 増幅回路の名称を答えなさい。
(2) 電圧増幅度 A_{vf} の大きさを3にする場合の抵抗 R_2 の値を計算しなさい。
(3) 電圧増幅度 A_{vf} の大きさを3にした場合の出力波形を描きなさい。

5.3 オペアンプの応用回路

キーワード

電圧ホロア 電圧増幅度 入力インピーダンス 出力インピーダンス
緩衝増幅回路 エミッタフォロア ソースフォロア 負帰還 コンパレータ
フィルタ ローパスフィルタ ハイパスフィルタ バンドパスフィルタ

ポイント

(1) 電圧フォロア回路

オペアンプを用いた非反転増幅回路において，抵抗 R_1 の値を無限大，R_2 の値を 0 にした場合を考えます。この時の電圧増幅度 A_{vf} は 1 になり，位相も同じです。つまり，入力電圧 v_{in} と出力電圧 v_{out} は等しくなります。この回路を電圧フォロア（voltage follower）といい，入力インピーダンスが大きく，出力インピーダンスが小さいというオペアンプの特徴も有しています。

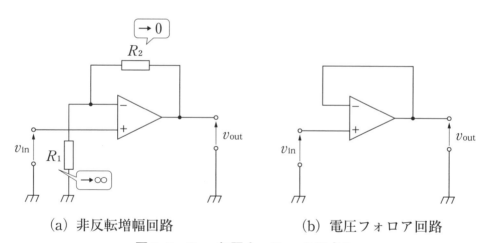

(a) 非反転増幅回路　　　　(b) 電圧フォロア回路

図 5-7　R_1 →無限大，R_2 →0 にする

$$\text{非反転増幅回路：} A_{vf}=1+\frac{R_2}{R_1} \quad\quad\quad \text{式 5.7}$$

$$\text{電圧フォロア回路：} A_{vf}=1+\frac{0}{\infty}=1 \quad\quad\quad \text{式 5.8}$$

電圧フォロア回路は，ある回路と他の回路を接続する場合に，互いの回路が影響しないようにする緩衝増幅（buffer amplifier）回路などとして使用するこ

とができます．電圧フォロア回路は，トランジスタを用いたエミッタフォロア（emitter follower）回路，FET を用いたソースフォロア（source follower）回路として構成することもできます．

(2) コンパレータ回路

オペアンプを負帰還なしで動作させると，コンパレータ（comparator）として使用できます．コンパレータ回路は，入力電圧 V_{IN} と基準電圧 V の大小関係で出力電圧 V_{OUT} の値が変化します．

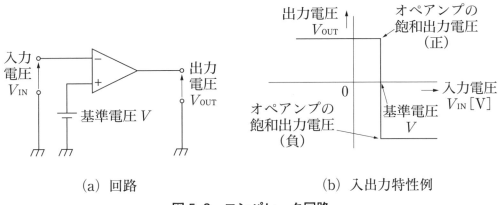

(a) 回路　　　　　　　　(b) 入出力特性例

図 5-8　コンパレータ回路

(3) フィルタ回路

フィルタ（filter）回路は，特定の周波数の信号を通過させる働きをします．主なフィルタ回路には，次の 3 種類があります．

- ローパスフィルタ（LPF：low pass filter）：ある周波数以下の信号を通過させる．

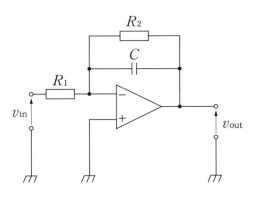

図 5-9　ローパスフィルタ回路

- ハイパスフィルタ（HPF：high pass filter）：ある周波数以上の信号を通過させる

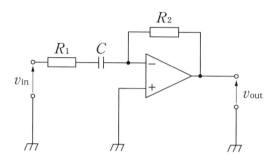

図 5-10　ハイパスフィルタ回路

- バンドパスフィルタ（BPF：band pass filter）：ある範囲内の周波数の信号を通過させる。

ローパスフィルタ回路では遮断周波数 f_c 以上，ハイパスフィルタ回路では遮断周波数 f_c 以下の信号に対する利得が大きく低下します。これらの低下は，ピークの利得（電圧増幅度 $A_{vf}=-R_2/R_1$）から，3 dB ダウンした値と考えるのが一般的です。

$$\text{ローパスフィルタ回路}：f_c=\frac{1}{2\pi CR_2} \quad\cdots\cdots\text{式 5.9}$$

$$\text{ハイパスフィルタ回路}：f_c=\frac{1}{2\pi CR_1} \quad\cdots\cdots\text{式 5.10}$$

バンドパスフィルタ回路は，ローパスフィルタ回路とバンドパスフィルタ回路を組み合わせることで構成できます。

例題 1

次に示すオペアンプを用いた回路について，(1)～(4)に答えなさい。

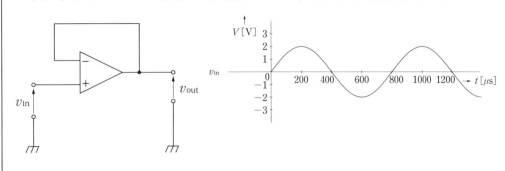

(1) 回路の名称
(2) 電圧増幅度
(3) 図に示す入力信号を加えた場合の出力信号の波形
(4) 用途例

解き方

オペアンプを用いた反転増幅回路において，入力抵抗 R_1 を無限大，帰還抵抗 R_2 を 0 にした電圧フォロア回路です。抵抗値を無限大にするとは，抵抗を取り外して絶縁状態にすることと等価です。そして，抵抗値を 0 にするとは，抵抗を短絡してショートすることと等価です。電圧フォロア回路は，電圧増幅度 $A_{vf} = 1$ かつ，入力と出力は同じ位相になりますので，入力信号は，そのままの状態で出力信号として現れます。この回路は，緩衝増幅回路やインピーダンス変換回路などに使用されます。

解答

(1) 電圧フォロア回路
(2) $A_{vf} = 1$
(3)

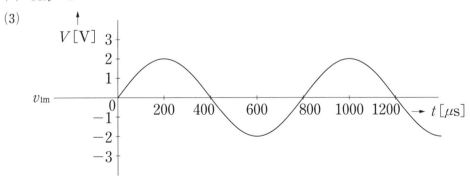

(4) 緩衝増幅回路，インピーダンス変換回路など

例題 2

次に示すオペアンプを用いた回路について，(1)〜(2)に答えなさい。

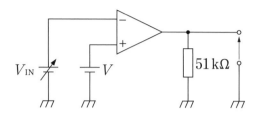

(1) 回路の名称
(2) $V=5\,\text{V}$ とし，入力電圧 V_{IN} を $-10\,\text{V}$〜$+10\,\text{V}$ まで変化した場合の入出力特性のグラフを示しなさい。ただし，オペアンプの飽和出力電圧を $\pm 13\,\text{V}$ とします。また，出力端子に接続してある $51\,\text{k}\Omega$ の抵抗は，負荷抵抗と考えなさい。

解き方

オペアンプを用いたコンパレータ回路です。コンパレータ回路は，入力電圧 V_{IN} と基準電圧 V の大きさを比較した結果を出力電圧に反映する回路です。コンパレータ回路では，負帰還接続がないため，オペアンプの持つ非常に大きな増幅度のまま動作します。このため，出力はオペアンプが出力可能な最大電圧（飽和電圧）となります。ただし，この出力電圧は，オペアンプに電源として接続されている正負の電圧の大きさを超えることはありません。オペアンプを用いたコンパレータ回路は応答速度が遅いため，より高速に動作させたい場合には専用のコンパレータ IC を用います。

解答

(1) コンパレータ回路
(2)
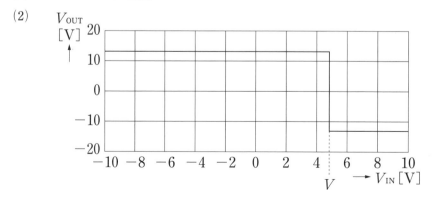

5.3 オペアンプの応用回路

例題 3

次に示すグラフは，あるフィルタ回路の特性を示している。それぞれのフィルタ回路の名称を答えなさい。また，フィルタ回路の信号通過域は，どのように定めるのが一般的か答えなさい。

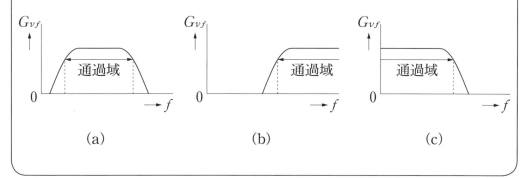

解き方

フィルタ回路は，特定の周波数範囲の信号を大きな利得で増幅する働きをします。つまり，必要としない周波数の信号を除去する回路だと考えることもできます。主なフィルタ回路には，ローパスフィルタ（LPF）回路，ハイパスフィルタ（HPF）回路，バンドパスフィルタ（BPF）回路があります。

フィルタ回路の信号通過域は，最大利得から，3dBダウンした利得になる周波数を境にして考えるのが一般的です。

解答

(a) バンドパスフィルタ回路
(b) ハイパスフィルタ回路
(c) ローパスフィルタ回路

信号通過域は，最大利得から3dB低下した利得になる周波数とする。

練習問題 21

1 次に示すフィルタ回路について，それぞれの名称と最大利得 G_{vf}，遮断周波数 f_c を答えなさい。

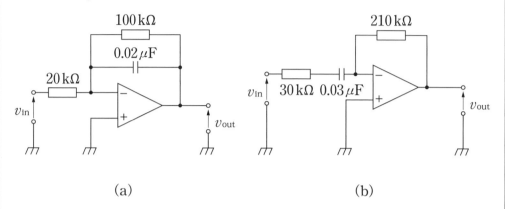

(a)   (b)

2 次に示すのは，オペアンプを用いたフィルタ回路です。この回路は，どのように動作するか説明しなさい。

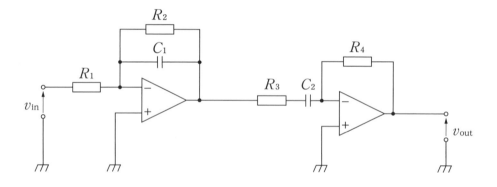

3 次に示すフィルタ回路の名称と最大利得 G_{vf}，遮断周波数 f_c を答えなさい。

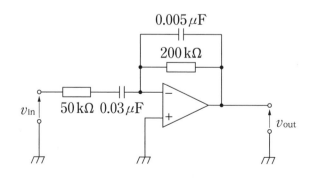

Q&A 5 オペアンプとコンパレータ

Q この章で，オペアンプICをコンパレータとして使用する回路について学びました。電子部品の中には，コンパレータICという名称で販売されているものがありますが，これはオペアンプICとは異なる部品なのでしょうか？

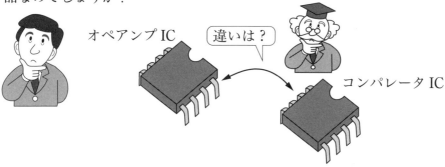

図1　2種類のIC

A コンパレータは，入力電圧 V_{IN} と基準電圧 V の大小関係で出力電圧 V_{OUT} の値が変化する回路でした。オペアンプとコンパレータは，同じ図記号で表します。

図2　図記号

オペアンプICは，非常に大きな増幅度をもっており，負帰還をかけて使用することを前提に設計されています。このため，高周波で使用する場合に発振するのを防ぐため，内部に位相補償コンデンサが接続されています。しかし，位相補償コンデンサを接続すると，コンパレータとしての動作速度が低下します。コンパレータは，オペアンプに負帰還をかけずに使用しますので，位相補償コンデンサが不要です。したがって，コンパレータ用に設計されたICには位相補償コンデンサが内蔵されていません。

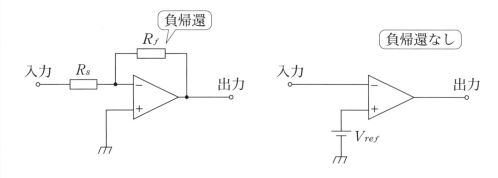

(a) 反転増幅回路　　　　　　(b) コンパレータ回路

図3　負帰還の有無

(a) オペアンプ IC　　　　　　(b) コンパレータ IC

図4　位相補償コンデンサ

　コンパレータ用に設計された IC は，例として次のような特徴を持っています。
〈コンパレータ IC の特徴例〉
　・応答速度が速い
　・ディジタル回路とのインターフェイスがとれる電圧出力が可能
　・大きな電圧が取り出せる出力回路（オープンコレクタ形式）をもつコンパレータ IC に負帰還をかけてオペアンプとして使用する場合は，外部に位相補償コンデンサを接続する必要が生じることがあります。

6章

発振回路

　ラジオ受信機などの通信機器や多くの電子機器の内部では，目的に応じた周波数の信号を利用しています。発振回路は，これらの信号を発生する働きをします。発振回路で発生する信号には，正弦波や方形波などがあります。この章では，主として正弦波を発生する発振回路について説明します。

　発振回路に要求される条件には，発生する信号の周波数範囲や周波数安定度などがあります。この章では，発振のしくみを学んだ後に，抵抗とコンデンサを組み合わせたRC発振回路，コイルとコンデンサを組み合わせたLC発振回路，周波数安定度のよい水晶発振回路やPLL発振回路などについて理解しましょう。トランジスタやオペアンプを用いた発振回路について扱いますので，必要に応じて前の章を参照しながら学習してください。

正弦波

方形波

6.1 発振回路の基礎

6章 発振回路

キーワード

負帰還　正帰還　帰還回路　位相　フィードバック　ハウリング現象　発振　飽和出力電圧　発振の条件　位相条件　利得条件　帰還電圧　帰還率

ポイント

(1) 発振のしくみ

第2章7節などで説明した負帰還 (negative feedback) は，出力の位相を入力と逆位相にしてフィードバックを行いました。正帰還 (positive feedback) は，出力の位相を入力と同相にしてフィードバックを行います。

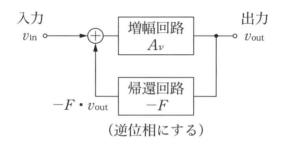

図6-1　負帰還増幅回路

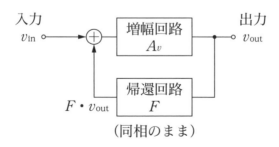

図6-2　正帰還増幅回路

マイクロホンに入力した音声を増幅し，スピーカから出力している際に，マイクロホンをスピーカに向けると，ピーという大きな発振音が出力されることがあります。これは，ハウリング現象 (howling phenomena) とよばれ，スピーカから出力された音声が，そのままの位相でマイクロホンに入力され，増幅後にス

ピーカから出力され，再びマイクロホンに入力されることが繰り返されます。つまり，正帰還が生じている状態です。スピーカの出力は，増幅回路の限界まで到達します。この現象を発振（oscillation）といい，発振回路は正帰還増幅回路であるともいえます。

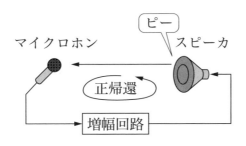

図 6-3　ハウリング現象

(2) 発振の条件

発振は，増幅が繰り返され，増幅回路の出力が飽和出力電圧（saturation output voltage）に達して安定することで，振幅が一定の出力を得られます。

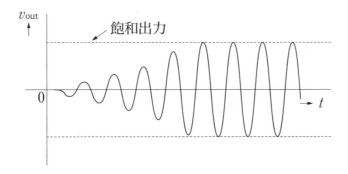

図 6-4　発振のようす

発振を生じさせるためには，次の二つの発振の条件（oscillation conditions）が必要になります。図 6-5 に，発振回路の構成を示します。

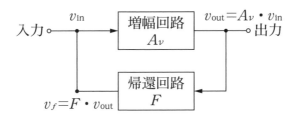

図 6-5　発振回路の構成

① 位相条件（phase condition）

帰還電圧 v_f と入力電圧 v_{in} が同相であることが必要です。

② 利得条件（gain condition）

出力電圧 v_{out} が飽和出力電圧に向けて大きくなっていくように，帰還電圧 v_f がもとの入力電圧 v_{in} 以上の大きさであることが必要です。これは，増幅度 A_v と帰還率 F の積が 1 以上であると言い換えられます。つまり，次式が成立することです。

$$A_v \cdot F \geqq 1 \quad \text{·· 式 6.1}$$

(3) 発振回路の種類

表 6-1　主な発振回路の種類

種　　類	名　　称
RC 発振回路	RC 移相形，ウィーンブリッジ
LC 発振回路	ハートレー，コルピッツ
水晶発振回路	ピアス BE，ピアス CB
電圧制御発振回路（VCO）	PLL 回路，周波数シンセサイザ回路

例題 1

次に示す帰還増幅回路について，(1)〜(3)に答えなさい。ただし，帰還回路の帰還率 F は正であるとします。

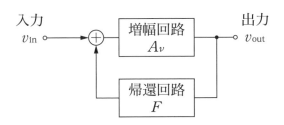

図 帰還増幅回路の構成

(1) 増幅回路の増幅度 A_v が正である場合，この回路は正負どちらの帰還増幅回路となりますか。
(2) 増幅回路の増幅度 A_v が負である場合，この回路は正負どちらの帰還増幅回路となりますか。
(3) 増幅回路に，トランジスタ1個を用いたエミッタ接地増幅を使用した場合，図の回路は正負どちらの帰還増幅回路となりますか。

解き方

帰還増幅回路のフィードバック（帰還）のかけ方には，負帰還と正帰還があります。負帰還は，出力の位相を入力と逆位相にしてフィードバックします。負帰還をかけると，増幅度は低下しますが，安定して増幅できる周波数領域が広がるなどの利点が得られます。一方，正帰還は，出力の位相を入力と同相にしてフィードバックします。正帰還は，発振現象を引き起こして回路の動作に悪影響を及ぼす要因になりますので，通常は正帰還がかからないように回路を構成します。しかし，発振回路は，正帰還を利用して，特定の周波数の信号を取り出すように構成します。

エミッタ接地増幅は，入力と出力が逆相になるので，帰還率 F を正にしてフィードバックすると，負帰還がかかります。このため，エミッタ接地増幅を用いて正帰還をかける場合は，帰還率 F を負にしてフィードバックします。

解答
(1) 正帰還　　(2) 負帰還　　(3) 負帰還

例題 2

次の説明について，正しいものを選びなさい。また，間違っているものについては，その理由を述べなさい。
① 発振は，正帰還増幅回路によって実現できる
② 発振は，負帰還増幅回路によって実現できる
③ 発振回路の出力電圧は，無限大まで増加する。
④ ハウリング現象は，発振現象と同じである
⑤ ハウリング現象を回避するためには，マイクロホンがスピーカからの音声出力を拾う方向に向けるとよい

解き方

発振は，増幅回路に正帰還をかけることで生じます。増幅回路から出力された信号を再び増幅回路に入力すれば，さらに大きな出力信号となり，その信号をまた増幅回路に入力して増幅ことを繰り返せば，出力信号はどんどん大きくなっていきます。しかし，増幅回路が出力できる信号の大きさには限界があるため，増大していく出力信号は，増幅回路の飽和出力電圧で安定します。これは，増幅回路の出力電圧が，電源電圧の大きさ以上にならないことからも説明できます。

ハウリング現象は，スピーカから出力された音声が，そのままの位相でマイクロホンに入力されて，再び増幅されることが繰り返される現象です。

解答

① 正しい
② 間違い。負帰還増幅回路は，増幅回路の増幅度が低下するように動作するため，出力が増大していくことはない。
③ 間違い。増幅回路が出力できる信号の大きさには限界があるため，出力は飽和出力電圧を超えることはない。
④ 正しい
⑤ 間違い。マイクロホンがスピーカからの音声出力をそのまま拾えば，正帰還がかかるため，発振状態が続いてしまう。ハウリング現象を回避するためには，マイクロホンがスピーカからの音声出力を拾わない方向に向けるとよい。

例題 3

次に示す正帰還増幅回路の構成について，(1)〜(4)に答えなさい。ただし，増幅回路の増幅度 A_v と帰還回路の帰還率 F はどちらも正であるとします。

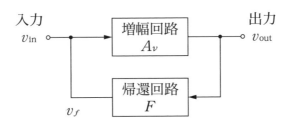

図　正帰還増幅回路の構成

(1) 出力電圧 v_{out} を示す式
(2) 帰還電圧 v_f を示す式
(3) 発振するために必要な帰還電圧 v_f と入力電圧 v_{in} の関係式
(4) 発振するために必要な増幅度 A_v と帰還率 F の関係式

解き方

この回路では，増幅回路の増幅度 A_v と帰還回路の帰還率 F がどちらも正であるため，入力電圧と同相の出力電圧がフィードバックされて正帰還がかかります。(1)の出力電圧 v_{out} は，入力電圧 v_{in} が増幅度 A_v 倍された値となります。また，(2)の帰還電圧 v_f は，出力電圧 v_{out} と帰還率 F の積となります。

発振回路が，発振する条件には，位相条件と利得条件があります。位相条件は，帰還電圧 v_f と入力電圧 v_{in} が同相であることです。利得条件は，帰還電圧 v_f がもとの入力電圧 v_{in} 以上の大きさであることです。この例題では，(3)が位相条件，(4)が利得条件に該当します。

解答

(1) $v_{out} = A_v \times v_{in}$
(2) $v_f = v_{out} \times F$
(3) $v_f = v_{in}$
(4) $A_v \times F \geqq 1$

練習問題 22

1 発振の条件の説明で，①～⑧の空欄に適する用語を答えなさい。

・ ① 条件

帰還電圧と ② 電圧が ③ であること。

・ ④ 条件

出力電圧が ⑤ 電圧に向けて大きくなっていくように，⑥ 電圧がもとの入力電圧以上の大きさであること。つまり，⑦ と帰還率の積が ⑧ であること。

2 ある発振回路の帰還率が 0.4 であるとき，増幅回路の増幅度は最低いくら必要となるか答えなさい。

3 次に示すのは，ある発振回路に電源を加えた直後の出力特性です。このグラフについて，(1)～(2)に答えなさい。

(1) 出力が飽和出力電圧に達するまで大きくなった場合のグラフを描きなさい。

(2) 増幅回路において出力を得るためには，入力電圧が必要となります。ところが，発振回路に電源を入れる直前には，増幅回路に入力電圧が加えられていません。では，なぜ増幅によって出力電圧が増加していく現象が起きるのでしょうか答えなさい。

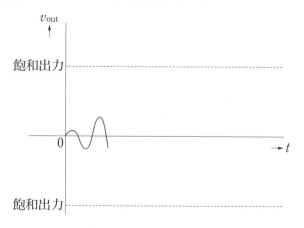

図　発振回路の出力

4 発振回路には，主としてどのような種類があるか答えなさい。

6.2 RC発振回路

キーワード

オペアンプ　発振回路　移相回路　進相形　遅相形　帰還回路　位相条件
利得条件　RC移相発振回路　ウィーンブリッジ発振回路　発振周波数

ポイント

(1) 移相回路

エミッタ接地増幅回路やオペアンプ反転増幅回路など，入力と出力の位相が反転する増幅回路を用いた場合，発振回路（oscillation circuit）の位相条件（phase condition）を満たすには，出力の位相をずらしてから入力側にフィードバックする必要があります。

位相をずらす回路を，移相回路（phase-shift circuit）といいます。移相回路には，位相を進める進相形（phase leading）と位相を遅らせる遅相形（phase lagging）があります。

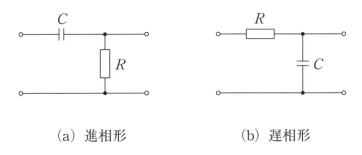

(a) 進相形　　　(b) 遅相形

図6-6　移相回路

1段の移相回路でずらすことのできる位相は90°未満です。このため，位相を180°ずらす（反転する）には，3段の移相回路が必要となります。

(2) RC移相発振回路

RC移相発振回路（resistor and capacitor phase-shift oscillation circuit）は，抵抗RとコンデンサCによる移相回路を帰還回路として用いた発振回路です。

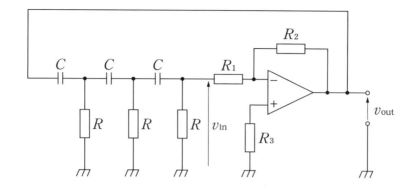

図6-7 RC移相発振回路（進相形）

この発振回路の電圧増幅度 A_v は，以下の式で計算できます。

$$A_v = \frac{v_{\text{out}}}{v_{\text{in}}} = \frac{1}{R^2}(R^2 - 5X_c^2) - j\frac{X_c}{R^3}(6R^2 - X_c^2) \quad \cdots\cdots 式6.2$$

A_v が実数であることを考えると，虚部が0であることが必要なので，これより，進相形の発振周波数（oscillating frequency）を示す式が導出できます。

$$\left.\begin{array}{l} 6R^2 - X_c^2 = 0 \text{ より，} X_c = \dfrac{1}{\omega C} = \dfrac{1}{2\pi f C} = \sqrt{6}\cdot R \\[1em] f = \dfrac{1}{2\pi\sqrt{6}RC} \\[1em] （遅相形は，f = \dfrac{\sqrt{6}}{2\pi Rc}） \end{array}\right\} \quad \cdots\cdots 式6.3$$

また，この式の実部が利得条件（gain condition）として発振に必要な最低の A_v となります。つまり，オペアンプ反転増幅回路の増幅度が，この A_v 以上のときに発振します。この関係は，遅相形でも同じです。

$$\left.\begin{array}{l} A_v = \dfrac{1}{R^2}(R^2 - 5X_c^2) = \dfrac{1}{R^2}(R^2 - 5\times 6R^2) = -29 \\[1em] \left|-\dfrac{R^2}{R^1}\right| \geqq |-29| \end{array}\right\} \quad \cdots\cdots 式6.4$$

(3) ウィーンブリッジ発振回路

ウィーンブリッジ発振回路（Wien bridge oscillation circuit）は，ブリッジ形の移相回路とオペアンプ非反転増幅回路を用いた発振回路です。この回路では，オペアンプの入力端子間に生じさせた電位差を正帰還することで，発振を起こします。

6.2 RC 発振回路

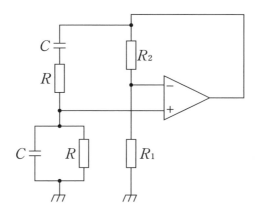

図 6-8　ウィーンブリッジ発振回路

ウィーンブリッジ発振回路に必要な発振周波数と利得条件は，次の式で表すことができます。

$$f = \frac{1}{2\pi CR} \quad \text{………………………………………………………… 式 6.5}$$

$$1 + \frac{R^2}{R^1} \geqq 3 \quad \text{……………………………………………………………… 式 6.6}$$

例題 1

次に示す移相回路について，(1)～(3)に答えなさい。

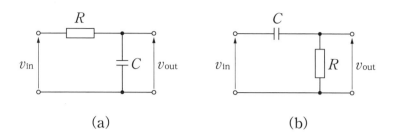

図　移相回路

(1) それぞれの移相回路の形を答えなさい。
(2) 各移相回路の出力電圧に対応する電圧のベクトルを答えなさい。

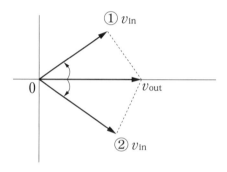

図　電圧のベクトル図

(3) 入力と出力の位相差を 180° にするためには，何段の移相回路が必要ですか。またその理由を答えなさい。

解き方

移相回路は，位相を遅らせる遅相形と位相を進める進相形に大別できます。抵抗とコンデンサを組み合わせた移相回路において，コンデンサの両端から出力を取るのが遅相形，抵抗の両端から出力を取るのが進相形です。遅相形は微分回路，進相形は積分回路と同じ形をしています。

ベクトル図においても，遅相形の出力電圧は入力電圧より遅れ，進相形の出力電圧は入力電圧より進むように表示されます。1 段の移相回路でずらすことのできる位相は 90° 未満です。このため，位相を 180° ずらすには，最低でも 3 段の移相回路が必要となります。

6.2 RC発振回路

|解答|
(1) (a) 遅相形　　(b) 進相形
(2) (a) ②　　(b) ①
(3) 3段，1段の移相回路でずらすことのできる位相は90°未満であるため。

例題 2

次に示す発振回路について，(1)～(4)に答えなさい。

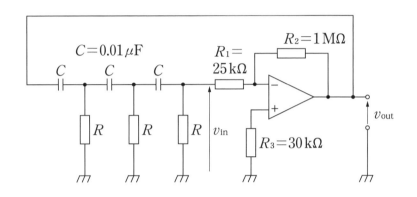

図　発振回路

(1) 発振回路の名称を答えよ。
(2) この発振回路は，利得条件を満たしているかどうか説明しなさい。
(3) 抵抗 R が $3\,\mathrm{k\Omega}$ のときの発振周波数を計算しなさい。
(4) 発振周波数を $5\,\mathrm{kHz}$ とする場合の抵抗 R の値を計算しなさい。

|解き方|

3段の移相回路（進相形）を用いたRC発振回路についての例題です。RC移相発振回路は，A_v の大きさが29以上であることが利得条件です。使われているオペアンプ反転増幅回路の電圧増幅度の大きさが29以上であれば，この条件を満たしていることになります。発振周波数は，次の式で計算できます。発振周波数に対する抵抗 R やコンデンサ C の値を計算したい場合には，この式を変形します。

$$f = \frac{1}{2\pi\sqrt{6}RC}$$

【解答】
(1) RC移相発振回路（進相形）
(2) オペアンプ反転増幅回路の電圧増幅度の大きさは40なので、29以上となり、利得条件を満たしている。

$$A_v = \left| -\frac{R_2}{R_1} \right| = \frac{1 \times 10^6}{25 \times 10^3} = 40 \geqq 29$$

(3) $f = \dfrac{1}{2\pi\sqrt{6}RC} \fallingdotseq \dfrac{1}{2 \times 3.14 \times 2.45 \times 3 \times 10^3 \times 0.01 \times 10^{-6}} \fallingdotseq 2166\,\mathrm{Hz}$

(4) $R = \dfrac{1}{2\pi\sqrt{6}fC} \fallingdotseq \dfrac{1}{2 \times 3.14 \times 2.45 \times 5 \times 10^3 \times 0.01 \times 10^{-6}} \fallingdotseq 1300\,\Omega$

例題 3

次に示すウィーンブリッジ発振回路について、(1)〜(3)に答えなさい。

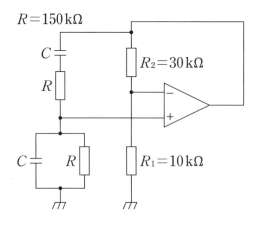

図 ウィーンブリッジ発振回路

(1) このウィーンブリッジ発振回路は、利得条件を満たしているかどうか説明しなさい。
(2) コンデンサ C が 2000 pF のときの発振周波数を計算しなさい。
(3) 発振周波数を 2 kHz とする場合のコンデンサ C の値を計算しなさい。

【解き方】

ウィーンブリッジ発振回路は、A_v の大きさが3以上であることが利得条件です。使われているオペアンプ非反転増幅回路の電圧増幅度の大きさが3以上であ

れば，この条件を満たしていることになります。発振周波数は，次の式で計算できます。

$$f = \frac{1}{2\pi CR}$$

解答

(1) オペアンプ非反転増幅回路の電圧増幅度の大きさは4なので，3以上となり，利得条件を満たしている。

$$A_v = 1 + \frac{R_2}{R_1} = 1 + \frac{30}{10} = 4 \geq 3$$

(2) $f = \dfrac{1}{2\pi CR} \fallingdotseq \dfrac{1}{2 \times 3.14 \times 2000 \times 10^{-12} \times 150 \times 10^3} \fallingdotseq 531\,\text{Hz}$

(3) $C = \dfrac{1}{2\pi fR} \fallingdotseq \dfrac{1}{2 \times 3.14 \times 2 \times 10^3 \times 150 \times 10^3} \fallingdotseq 531\,\text{pF}$

練習問題 23

1 次の①〜③の発振回路について，利得条件及び，発振周波数を求める式を答えなさい。

① RC 移相発振回路（進相形）
② RC 移相発振回路（遅相形）
③ ウィーンブリッジ発振回路

2 次に示す発振回路について，(1)〜(5)に答えなさい。

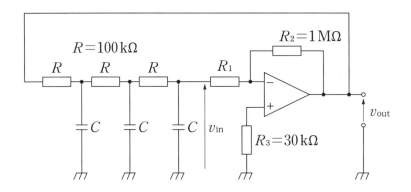

図　発振回路

(1) 発振回路の名称を答えなさい。
(2) 使われている増幅回路の名称を答えなさい。
(3) この発振回路が利得条件を満たすための抵抗 R_1 の値を答えなさい。
(4) コンデンサ C が $0.05\,\mu\mathrm{F}$ のときの発振周波数を計算しなさい。
(5) 発振周波数を $1\,\mathrm{kHz}$ とする場合のコンデンサ C の値を計算しなさい。

Q&A 6 非安定マルチバイブレータ

Q この章で，正弦波の信号をつくる発振回路について学びました。方形波の信号をつくりたい場合は，どのような発振回路を使用すればよいのでしょうか？

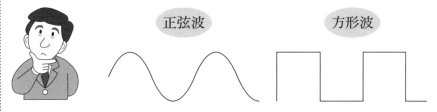

図1　正弦波と方形波

A 方形波用の発振回路にはいろいろな種類があります。ここでは，非安定マルチバイブレータとよばれる回路について紹介します。非安定マルチバイブレータ回路は，特定の周波数の方形波を連続して出力する発振回路です。

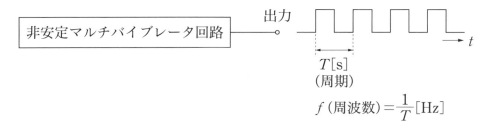

図2　非安定マルチバイブレータ回路

トランジスタを用いた非安定マルチバイブレータ回路では，トランジスタをスイッチとして使用しています（**Q&A 1 スイッチング作用**）。コンデンサの充放電現象を利用して，2個のトランジスタを交互にONとOFFに切り替えることで方形波を出力します。

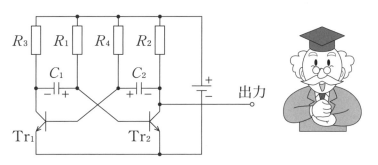

図3　トランジスタを用いた非安定マルチバイブレータ回路

出力信号の周期 T [s] は，次の式で計算できます。
$$T=0.7\times(C_1R_1+C_2R_2)\text{ [s]}$$

この回路において，各トランジスタのコレクタに LED を接続すれば，2個の LED を交互に点灯させることができます。

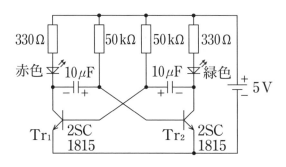

図4　LED 点滅回路

この回路の周期 T [s] と周波数 f [Hz] は次のようになります。

$$T=0.7\times(2\times10\times10^{-6}\times50\times10^3)$$
$$=0.7\text{ s}$$

$$f=\frac{1}{T}=\frac{1}{0.7}\fallingdotseq 1.4\text{ Hz}$$

ディジタル IC の NOT ゲート素子を使って非安定マルチバイブレータ回路を構成することもできます。

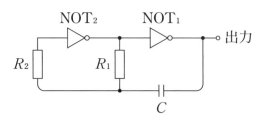

図5　NOT ゲート素子を用いた非安定マルチバイブレータ回路

この回路の出力信号の周波数は，次の式で計算できます。
$$T=2.2R_1C\text{ [s]}$$

非安定マルチバイブレータ回路の周波数安定度はよくありませんが，簡単な回路構成で方形波を発振できるのが利点です。

6.3 LC発振回路

6章 発振回路

キーワード

3点接続発振回路　LC発振回路　水晶振動子　ハートレー発振回路
コルピッツ発振回路　逆圧電効果　水晶発振回路　周波数選択性
周波数安定度　帰還回路　位相条件　利得条件　発振周波数
セラミック発振子　セラロック

ポイント

(1) 3点接続発振回路

3点接続発振回路（3-point connection oscillation circuit）は，3個のインピーダンスのうち，2個をコイルまたコンデンサにすることで，位相を180°ずらして位相条件を満たすLC発振回路（coil and capacitor oscillation circuit）の基本形です。コイルの代わりに水晶振動子（crystal resonator）を用いることもあります。3点接続発振回路は，ハートレー形とコルピッツ形に大別できます。

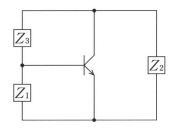

図6-9　3点接続発振回路

(2) ハートレー発振回路

3点接続発振回路のZ_1とZ_2にコイル，Z_3にコンデンサを接続した回路をハートレー発振回路（Hartley oscillation circuit）といいます。この回路の発振周波数の上限は，30 MHz程度です。

発振周波数　$f = \dfrac{1}{2\pi\sqrt{(L_1+L_2)\cdot C_3}}$ ……………………… 式6.7

利得条件　$hfe \geqq \dfrac{L_2}{L_1}$ ……………………………………………… 式6.8

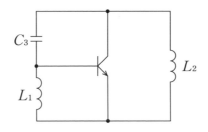

図 6-10　ハートレー発振回路

(3) コルピッツ発振回路

3点接続発振回路の Z_1 と Z_2 にコンデンサ，Z_3 にコイルを接続した回路をコルピッツ発振回路（Colpitts oscillation circuit）といいます。この回路の発振周波数の上限は，200 MHz 程度です。

発振周波数　$f = \dfrac{1}{2\pi}\sqrt{\dfrac{C_1+C_2}{L_3 C_1 C_2}}$ ……………………………………… 式 6.9

利得条件　$hf_e \geqq \dfrac{C_2}{C_1}$ ……………………………………………………… 式 6.10

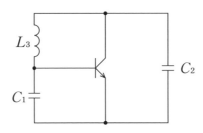

図 6-11　コルピッツ発振回路

(4) 水晶発振回路

水晶振動子は，逆圧電効果（inverse piezoelectric effect），を利用して特定の周波数の信号を得ることのできる部品です。水晶振動子を用いて水晶発振回

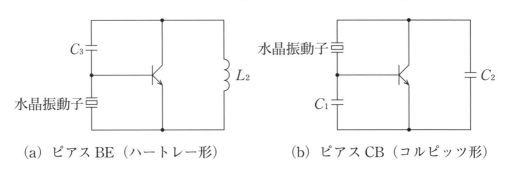

(a) ピアス BE（ハートレー形）　　　(b) ピアス CB（コルピッツ形）

図 6-12　水晶発振回路

路(crystal oscillation circuit)を構成すれば，優れた周波数選択性(frequency selectivity）や周波数安定度（frequency stability）が得られます。

　水晶振動子より周波数選択性や周波数安定度は劣りますが，安価で比較的性能のよいセラミック発振子（ceramic resonator）が用いられることもあります。セラミック発振子とコンデンサを組み合わせた部品は，セラロックという商品名（村田製作所）で市販されています。

　　　　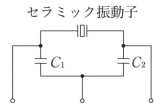

(a) 外観例　　　　　　　　(b) 内部回路

図6-13　セラロック

例題 1

次に示す3点接続発振回路の接続について、正しい構成の回路を選び、その名称を答えなさい。

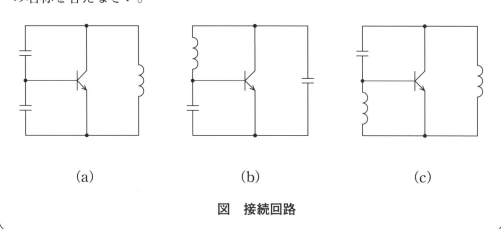

図　接続回路

解き方

3点接続発振回路には、3個のインピーダンスを接続するのが基本です。インピーダンスとして、コイルとコンデンサを使用する場合、接続する箇所については、何通りもの組合せがあります。しかし、発振の条件を満たすのは、次の2通りの接続だけです。

- Z_1 と Z_2 にコイル、Z_3 にコンデンサ：ハートレー発振回路
- Z_1 と Z_2 にコンデンサ、Z_3 にコイル：コルピッツ発振回路

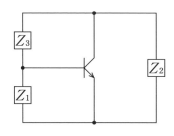

図　3点接続発振回路

解答

3点接続発振回路として、正しい構成は、(b) コルピッツ発振回路と (c) ハートレー発振回路である。(a) は3点接続発振回路にならない。

例題 2

次に示す発振回路について，(1)〜(3)に答えなさい。

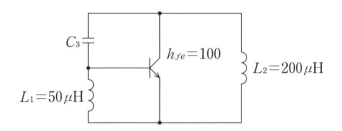

図　発振回路

(1) 発振回路の名称を答えなさい。
(2) この発振回路が利得条件を満たしているかどうか確認しなさい。
(3) コンデンサ C が $0.01\,\mu\mathrm{F}$ のときの発振周波数を計算しなさい。

解き方

コイルとコンデンサが接続されている場所から，ハートレー発振回路かコルピッツ発振回路かを判別できます。ハートレー発振回路の利得条件と発振周波数は，次の式で表されます。

$$h_{fe} \geq \frac{L_2}{L_1}$$

$$f = \frac{1}{2\pi\sqrt{(L_1+L_2)\cdot C_3}}$$

解答

(1) ハートレー発振回路

(2) 利得条件を満たしている。

$$100 \geq \frac{200}{50} = 4$$

(3) $f = \dfrac{1}{2\pi\sqrt{(L_1+L_2)\cdot C_3}} \fallingdotseq \dfrac{1}{2\times 3.14 \times \sqrt{(50+200)\times 10^{-6} \times 0.01 \times 10^{-6}}}$

$\fallingdotseq 101\,\mathrm{kHz}$

例題 3

次に示す発振回路について，(1)～(3)に答えなさい。

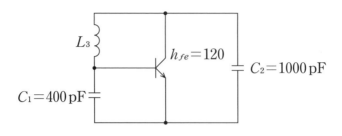

図　発振回路

(1) 発振回路の名称を答えなさい。
(2) この発振回路が利得条件を満たしているかどうか確認しなさい。
(3) コイル L が $100\,\mu\mathrm{H}$ のときの発振周波数を計算しなさい。

解き方

コイルとコンデンサが接続されている場所から，コルピッツ発振回路であると判別できます。コルピッツ発振回路の利得条件と発振周波数は，次の式で表されます。

$$h_{fe} \geq \frac{C_2}{C_1}$$

$$f = \frac{1}{2\pi}\sqrt{\frac{C_1+C_2}{L_3 C_1 C_2}}$$

解答

(1) コルピッツ発振回路

(2) 利得条件を満たしている。

$$120 \geq \frac{1000}{400} = 2.5$$

(3) $f = \dfrac{1}{2\pi}\sqrt{\dfrac{C_1+C_2}{L_3 C_1 C_2}} \fallingdotseq \dfrac{1}{2\times 3.14}\sqrt{\dfrac{(400+1000)\times 10^{-12}}{100\times 10^{-6}\times 400\times 10^{-12}\times 1000\times 10^{-12}}}$

$\fallingdotseq 942\,\mathrm{kHz}$

練習問題 24

1 次に示す水晶振動子を用いた発振回路について，(1)〜(3)に答えなさい。

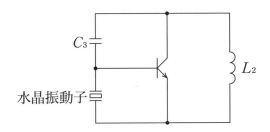

図　水晶発振回路

(1) 発振回路の名称を答えなさい。
(2) 水晶振動子は，コイルとコンデンサどちらの代用に使われているか答えなさい。
(3) この回路が，コイルとコンデンサだけを用いた3点接続発振回路よりも優れている点を答えなさい。

2 次に示す水晶振動子を用いた発振回路について，(1)〜(4)に答えなさい。

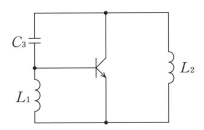

図　発振回路

(1) 発振回路の名称を答えなさい。
(2) この発振回路の発振周波数を求める式を答えなさい。
(3) この発振回路の利得条件を示す式を答えなさい。
(4) 発振周波数を求める式を，コンデンサC_3を計算する式に変形しなさい。

6.4 電圧制御発振回路

キーワード

電圧制御発振回路　VCO 回路　可変容量ダイオード　バラクタダイオード
バリキャップ　空乏層　位相同期ループ回路　PLL 回路　位相比較回路
LPF　周波数安定度　ロック　周波数シンセサイザ　分周回路

ポイント

(1) VCO 回路

電圧制御発振回路（VCO 回路：voltage controlled oscillation circuit）は，入力電圧 vin の大きさを変えることで出力電圧 v_{out} の周波数を変化できる発振回路です。この回路に使われている可変容量ダイオード（variable capacitance diode）は，逆電圧を加えて内部の空乏層（depletion layer）の大きさを制御することで，可変コンデンサ C_v として動作します。可変容量ダイオードは，バラクタダイオード（varactor diode），またはバリキャップ（varicap）とも呼ばれます。

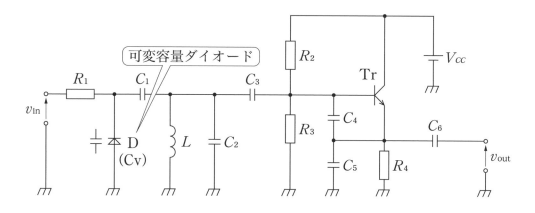

図 6-14　VCO 回路の例

(2) PLL 回路

位相同期ループ回路（PLL 回路：phase locked loop circuit）は，入力電圧 v_s の周波数 f_s と同じ周波数 f_o の出力電圧 v_{out} を出力するように動作する回路です。PLL 回路において，f_s と f_o が等しくなっているときの周波数安定度（frequency stability）は，水晶発振回路と同程度に優れています。この回路は，VCO 回路，

位相比較回路 (phase comparison circuit)，LPF (low-pass filter) から構成されています。

〈PLL回路の動作〉

① $f_s > f_o$ であったとします。
② 位相比較回路は，二つの入力周波数 f_s と f_o の大小関係で出力電圧 v_m の値を変えます。$f_s > f_o$ の場合は，v_m が基準値よりも高くなります。
③ LPFは，低い周波数の信号成分だけを通過させます。このため，入力電圧 v_m の直流分だけを出力電圧 v_d とします。
④ VCO回路に入力される電圧 v_m が高くなると，出力電圧 v_o の周波数 f_o が上昇します。
⑤ f_o が上昇して，$f_s = f_o$ になると，位相比較回路の出力電圧 v_m が基準値になり，PLL回路が安定します。

PLL回路が $f_s = f_o$ の状態で安定していることを，ロック (lock) しているともいいます。

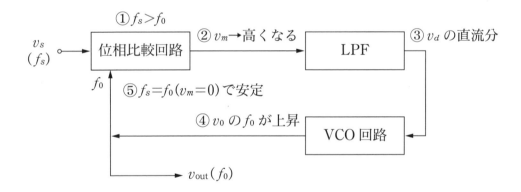

図6-15　PLL回路の構成

(3) 周波数シンセサイザ

PLL回路を応用すると，周波数安定度が高く，かつ出力周波数を変化させることが可能な周波数シンセサイザ (frequency synthesizer) を構成できます。分周回路 (divider circuit) は，入力された周波数を，任意の整数 m や n の値で分割して出力する回路です。

周波数シンセサイザでは，次の関係式が成立します。

$$\frac{f_s}{n} = \frac{f_o}{m} \quad \cdots\cdots 式6.11$$

このため，出力周波数 f_o を，二つの分周回路の分周比 m と n（ともに整数）に

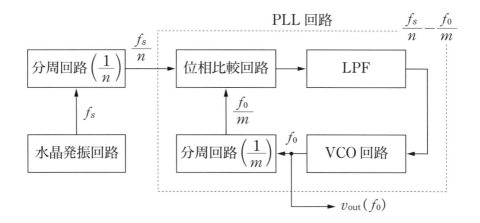

図6-16　周波数シンセサイザの構成

よって決めることができます。

$$f_o = \frac{m}{n} f_s \quad \text{················ 式 6.12}$$

例題 1

次に示す特性をもつ可変容量ダイオードで，静電容量を 20 pF としたい場合は，何 [V] ボルトの逆電圧を加えればよいか答えなさい。

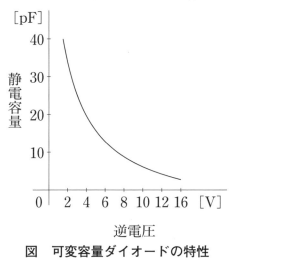

図　可変容量ダイオードの特性

解き方

ダイオードは，p 形半導体と n 形半導体を接合した構造になっています。この接合部には，空乏層と呼ばれる領域が存在します。ダイオードに加える逆電圧を大きくするほど，空乏層（面積 A，比誘電率 ε_r）の厚み l が広がり，ダイオードをコンデンサに見立てたときの静電容量 C_v が小さくなります。つまり，ダイオードに加える逆電圧の大きさによって，静電容量を変えることができます。可変容量ダイオードは，この性質を積極的に利用するために作られた電子部品です。

$$C_v = \varepsilon_r \frac{A}{l} \text{ [F]}$$

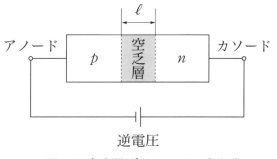

図　可変容量ダイオードの考え方

示された可変容量ダイオードの特性のグラフを見ると，逆電圧を大きくする（横軸の右側）ほど静電容量（縦軸）の値が小さくなっているのが確認できます。このグラフから，静電容量（縦軸）が 20 pF になるときの逆電圧（横軸）の値を読み取ります。

解答

逆電圧の大きさは，4 V

例題 2

次に示す LC 発振回路の LC 部において，可変容量ダイオードの静電容量 C_v が 30 pF のときの発振周波数 f を答えなさい。

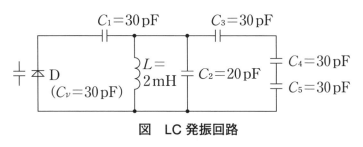

図　LC 発振回路

解き方

コイル L と複数のコンデンサ C によって構成された LC 発振回路の LC 部から発振周波数を計算する問題です。コンデンサとして，静電容量 C_v が 30 pF の可変容量ダイオードが含まれています。この回路の発振周波数 f は，次式で計算できます。

$$発振周波数\ f = \frac{1}{2\pi\sqrt{LC}}$$

ただし，全てのコンデンサの合成静電容量を C としています。コンデンサ C_A と C_B の直列接続，並列接続の合成静電容量は，それぞれ次の式で求めます。

$$直列接続\ C = \frac{C_A \cdot C_B}{C_A + C_B}$$

$$並列接続\ C = C_A + C_B$$

コイル L の左側の合成静電容量は，C_1 と C_v の直列接続なので 15 pF になります。また，コイル L の右側の合成静電容量は，C_2 と 10 pF（C_3，C_4，C_5 の直列合成静電容量）の並列接続なので 30 pF になります。このため，全体の合成静電容量 C は，15 pF と 30 pF 並列接続なので 45 pF になります。

解答

$$f = \frac{1}{2\pi\sqrt{LC}}$$

$$\fallingdotseq \frac{1}{2 \times 3.14 \times \sqrt{2 \times 10^{-3} \times 45 \times 10^{-12}}}$$

$$\fallingdotseq 530{,}785\ \text{Hz} \fallingdotseq 531\ \text{kHz}$$

例題 3

次に示す PLL 回路の構成図について，(1)～(3)に答えなさい。

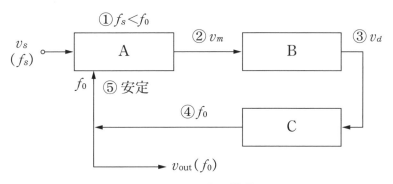

図　PLL 回路の構成

(1) A，B，C に当てはまる回路の名称を答えなさい。
(2) A，B，C それぞれの回路の働きを説明しなさい。
(3) 回路 A に入力される二つの周波数が，$f_s<f_o$ の関係だった場合，PLL 回路はどのように動作しますか。図の①～⑤について簡単に説明しなさい。

解き方

位相同期ループ回路（PLL 回路）は，f_s と f_o が等しくなっている（ロックしている）とき，水晶発振回路と同程度の周波数安定度が得られる回路です。この回路は，VCO 回路，位相比較回路，LPF 回路から構成されています。$f_s<f_o$ のときには，f_o を下げることで $f_s=f_o$ になるように動作します。

解答

(1) A：位相比較回路，B：LPF 回路，C：VCO 回路（電圧制御発振回路）
(2) A：二つの入力周波数 f_s と f_o の大小関係で出力電圧 v_m の値を変える。
　　B：低い周波数の信号成分だけを通過させる。
　　C：入力電圧の大きさによって，出力電圧の周波数を変える。
(3) ① $f_s<f_o$ の関係がある。
　　② $f_s<f_o$ の場合は，v_m が基準値より下がる。
　　③ v_m の直流分だけを出力電圧 v_d とする。
　　④ VCO 回路に基準値より下がった電圧 v_m が入力されると，出力電圧 v_o の周波数 f_o が下がる。
　　⑤ f_o が下がって，$f_s=f_o$ になると，位相比較回路の出力電圧 v_m が基準値になり，PLL 回路が安定（ロック）する。

練習問題 25

1 次に示す周波数シンセサイザ回路の構成図について，(1)〜(5)に答えなさい。

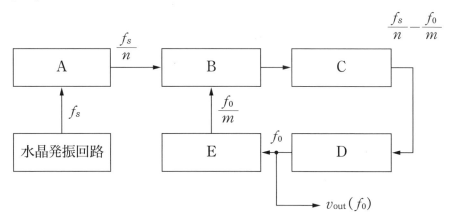

図　周波数シンセサイザ回路の構成

(1) 周波数シンセサイザ回路はどのような働きをするか説明しなさい。
(2) A〜Eに当てはまる回路の名称を答えなさい。
(3) 回路A〜Eのうち，PLL回路に相当する回路を答えなさい。
(4) 回路Aの働きを説明しなさい。
(5) 出力周波数f_oを表す式を，n, m, f_sを用いて答えなさい。ただし，f_sは水晶発振回路の出力周波数，m, nは分周比とします。

2 問**1**の周波数シンセサイザ回路で，$f_s=640\,\mathrm{kHz}$, $m=2$であった場合に，f_oを$80\,\mathrm{kHz}$にするにはnをいくらにすればよいか答えなさい。

3 問**1**の周波数シンセサイザ回路で，f_oを$320\,\mathrm{kHz}$にしたい場合，f_sをいくらにすればよいか答えなさい。ただし，$n=128$, $m=32$とします。

ダイレクト・ディジタル・シンセサイザ（DDS）

電子機器の開発や試験などによく使用される計器のひとつにファンクション・ジェネレータ（function generator：略称 FG）があります。FG は，目的に応じた任意の正弦波や方形波などの信号を生成して出力する信号発生器です。アナログ方式の FG は，簡単な構成で実現できますが，出力する信号は基本的な波形に限定されます。一方，ディジタル方式の FG は，比較的複雑な構成をしていますが，多様な信号を生成して出力できる長所があります。

現在，高性能なディジタル方式の FG としては，ダイレクト・ディジタル・シンセサイザ（direct digital synthesizer：略称 DDS）が広く使われています。DDS は，日本語でディジタル直接合成発振器といわれます。DDS は，ディジタル方式によって，正弦波などのアナログ波形を生成するため，ディジタル回路とアナログ回路が混成した，いわばディジタル・アナログのハイブリッド回路（hybrid circuit）であるととらえることができます。

（株）エヌエフ回路設計ブロック
http://www.nfcorp.co.jp/pro/mi/sig/fg/wf1967_68/index.html

図1　DDS の外観例

DDS は，アドレス演算器，波形メモリ，D/A コンバータ，ローパスフィルタ（LPF）などによって構成されています。

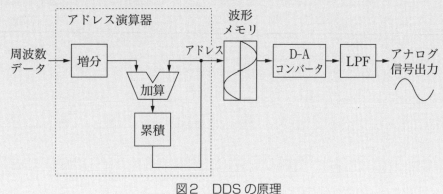

図2　DDS の原理

波形メモリには，1周期分の波形データが格納されており，アドレスは波形データの位相に対応しています。ここでいう位相とは，波形データの時間軸の位置と考えればよいでしょう。アドレス演算器は，水晶振動子などによって得た高精度な基準クロックに基づいて波形メモリのアドレスを参照するための出力値を増加していきます。ある一定の時間内に基準クロックによって読み出される波形データを考えましょう。アドレス演算器の出力値の増分が小さければ，波形データを読み込む時間間隔が小さくなり，1周期分の波形データの初めの部分しか参照できません。このため，位相の進みが遅い波形データとして取り出されます。反対に，アドレス演算器の出力値の増分が大きければ，波形データを読み込む時間間隔が大きくなり，よい広範囲の波形データが参照できます。このため，位相の進みが速い波形データとして取り出されます。1周期分の波形データ全てが読み出された場合には，アドレスが初期化されて，再び波形データの先頭から読み出しが開始されます。位相の速さの違いは，周波数の違いであると考えることができます。このように，DDSは周波数データによって増分を変化させることで，波形メモリから出力する信号の周波数を正確に制御します。

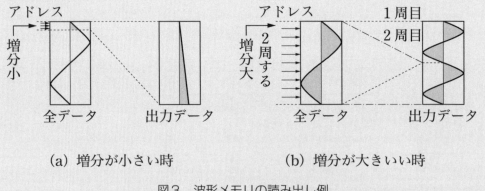

(a) 増分が小さい時　　　　(b) 増分が大きいい時

図3　波形メモリの読み出し例

波形メモリの出力は，ディジタル信号ですから，D/Aコンバータによってアナログ信号に変換します。そして，LPFによって，基準クロックの成分などを除去した滑らかなアナログ信号にします。また，波形メモリに書き込む波形データを変更することで，いろいろな種類の波形を出力できます。

DDSを用いれば，広い周波数範囲の信号を高分解能で安定して生成できます。また，出力波形を瞬時に切り替えることも可能です。しかし，DDSは，スプリアス（spurious）とよばれる不要な周波数成分が生じやすいので，これが出力信号に混入しないような対策を施した設計が必要となります。

練習問題の解答

1章 電子デバイスの基礎

練習問題1

1

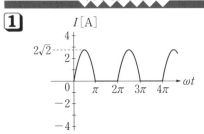

2

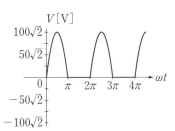

練習問題2

1 (1) (a)　(2) (b)

2 ① I_B　② I_C　③ I_E
　　④ V_{CE}　⑤ V_{BE}

3 $\alpha = \dfrac{\beta}{1+\beta} = \dfrac{100}{1+100} \fallingdotseq 0.99$

練習問題3

1 (1) (d)　(2) (c)　(3) (b)
　　(4) (a)

2 ① I_G　② I_D　③ I_S
　　④ V_{GS}　⑤ V_{DS}

3 (1) ソース接地
　　(2) ① V_{DS}　② V_{DS}
　　　　③ V_{GS}　④ V_{DS}
　　(3) $\mu = g_m \cdot r_d$

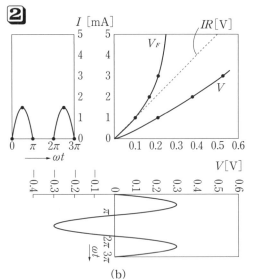

(b)

2章 トランジスタ回路

練習問題4

1 (1) V_{CE} (2) V_{CE}
(3) I_B

2 (1) $I_{BB} = 2.0\,\mu\text{A}$ （$V_{BE} = V_{BB} = 0.8\,\text{V}$ のときの I_B）

(2)

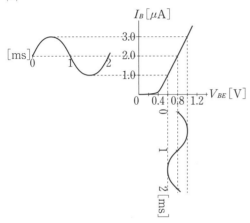

練習問題5

1 (1) V_{BB} (2) v_{in}
(3) $I_B = I_{BB} + i_b$, $I_C = I_{CC} + i_c$

2 (1) $i_{\text{out}} = A_i \times i_{\text{in}} = 300 \times 20 \times 10^{-6}$
$= 6 \times 10^{-3} = 6\,\text{mA}$

(2) $v_{\text{out}} = A_v \times v_{\text{in}}$ より，$v_{\text{in}} = \dfrac{v_{\text{out}}}{A_v} = \dfrac{4.5}{200}$
$= 22.5 \times 10^{-3} = 22.5\,\text{mV}$

(3) $p_{\text{out}} = A_p \times p_{\text{in}} = 50000 \times 100 \times 10^{-6}$
$= 5\,\text{W}$

(4) $A_p = A_i \times A_v$ より $A_v = \dfrac{A_p}{A_i} = \dfrac{50000}{200}$
$= 250$

3 (1) $A_v = \dfrac{v_{\text{out}}}{v_{\text{in}}} = \dfrac{5 \times 10^{-3} \sin \omega t}{20 \times 10^{-6} \sin \omega t} = 250$

(2) $A_p = A_i \times A_v = 200 \times 250 = 50000$

練習問題6

1

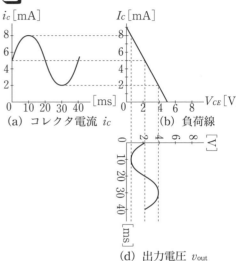

(a) コレクタ電流 i_C　　(b) 負荷線

(d) 出力電圧 v_{out}

2 負荷線の2点を求める。$V_{CE} = 0$ の点：
$I_C = \dfrac{V_{CC}}{R_C} = \dfrac{6}{400} = 15\,\text{mA}$，$I_C = 0$ の点：
$V_{CE} = V_{CC} = 6\,\text{V}$

これらを I_C-V_{CE} 特性グラフに記入して結ぶ。

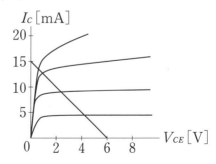

練習問題7

1 (1) $I_C = 0$ の時は，$V_{CE} = V_{CC} = 6\,\text{V}$

(2) $V_{CE} = 0$ の時は，$I_C = \dfrac{V_{CC}}{R_C} = \dfrac{6}{2 \times 10^3}$

$= 3$ mA

(3)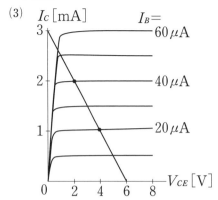

(4) 動作点が4Vの場合は，負荷線の$V_{CE}=4$Vのときの$I_B=20\mu$A，I_B-V_{BE}特性より$I_B=20\mu$Aを流すためのV_{BE}は，0.6V，したがって，抵抗R_Bに流れる電流$I_B=\dfrac{V_{CC}-V_{BE}}{R_B}$より

$$R_B=\dfrac{V_{CC}-V_{BE}}{I_B}=\dfrac{6-0.6}{20\times10^{-6}}=270\times10^3$$
$$=270\text{ k}\Omega$$

(5) 動作点が2Vの場合は，負荷線の$V_{CE}=2$VのときのI_B=40\mu$A，$I_B$-$V_{BE}$特性より$I_B=40\mu$Aを流すための$V_{BE}$は，0.7V，したがって，抵抗$R_B$に流れる電流$I_B=\dfrac{V_{CC}-V_{BE}}{R_B}$より

$$R_B=\dfrac{V_{CC}-V_{BE}}{I_B}=\dfrac{6-0.7}{40\times10^{-6}}\fallingdotseq133\times10^3$$
$$=133\text{ k}\Omega$$

練習問題8

1 (1) 入力インピーダンス

(2) Ω (3) $\dfrac{\Delta V_{BE}}{\Delta I_B}$

(4) h_{re} (5) $\dfrac{\Delta V_{BE}}{\Delta V_{CE}}$

(6) h_{fe} (7) 電流増幅率

(8) 出力アドミタンス

(9) Ω^{-1} または S

(10) $\dfrac{\Delta I_C}{\Delta V_{CE}}$

2 (1) $i_c=h_{fe}\cdot i_b+h_{oe}\cdot v_{ce}$，$h_{oe}\cdot v_{ce}=0$として，$i_c=h_{fe}\cdot i_b$，ここで$i_c=i_{out}$，$i_b=i_{in}$なので$i_{out}=h_{fe}\cdot i_{in}=500\,i_{in}$

(2) $v_{be}=h_{ie}\cdot i_b+h_{re}\cdot v_{ce}$，$h_{re}\cdot v_{ce}=0$として，$v_{be}=h_{ie}\cdot i_b$，ここで$v_{be}=v_{in}$，$i_b=i_{in}$なので$v_{in}=h_{ie}\cdot i_{in}=1000\,i_{in}$

(3) $i_{out}=500\,i_{in}=500\times200\times10^{-6}=100\times10^{-3}$
$=100$ mA
$v_{in}=1000\,i_{in}=1000\times200\times10^{-6}=200\times10^{-3}$
$=200$ mV

練習問題9

1 (1) 電流増幅度の式$A_i=\dfrac{i_{out}}{i_{in}}$に$i_{out}=i_c=h_{fe}\cdot i_b$と$i_{in}=i_b$を代入して，
$A_i=h_{fe}\cdot\dfrac{i_b}{i_b}=h_{fe}=200$

(2) 電圧増幅度の式$A_v=\dfrac{v_{out}}{v_{in}}$に$v_{out}=v_{ce}=i_c\cdot R_L=h_{fe}\cdot i_b\cdot R_L$と$v_{in}=v_{be}=h_{ie}\cdot i_b$を代入して，
$A_v=\dfrac{h_{fe}\cdot i_b\cdot R_L}{h_{ie}\cdot i_b}=\dfrac{200\times5\times10^3}{10\times10^3}=100$

(3) $A_p=A_i\cdot A_v=200\times100=20000$

2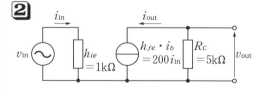

練習問題10

1 ① $|A_v|$ ② F ③ R_E
④ R_C ⑤ h_{ie} ⑥ R_E
⑦ R_C ⑧ R_E ⑨ 抵抗

練習問題11

1 (1) $G_v = 20 \log_{10} \dfrac{v_{\text{out}}}{v_{\text{in}}}$

$= 20 \log_{10} \dfrac{1.5}{2 \times 10^{-3}} = 20 \log_{10} 750$

$\fallingdotseq 57.5 \,\text{dB}$

(2) $G_i = 20 \log_{10} \dfrac{i_{\text{out}}}{i_{\text{in}}}$

$= 20 \log_{10} \dfrac{400 \times 10^{-3}}{5 \times 10^{-6}}$

$= 20 \log_{10}(80 \times 10^3) \fallingdotseq 98.1 \,\text{dB}$

(3) $G_p = 10 \log_{10} \dfrac{p_{\text{out}}}{p_{\text{in}}} = 10 \log_{10} \dfrac{100}{2 \times 10^{-3}}$

$= 10 \log_{10}(50 \times 10^3) \fallingdotseq 47.0 \,\text{dB}$

2 (1) $A_i = 10^{\frac{G_i}{20}} = 10^{\frac{60}{20}} = 1000$

(2) $A_i = 10^{\frac{G_i}{20}} = 10^{-\frac{60}{20}} = 0.001$

(3) $A_v = 10^{\frac{G_v}{20}} = 10^{\frac{400}{20}} = 1 \times 10^{20}$

(4) $A_v = 10^{\frac{G_v}{20}} = 10^{-\frac{400}{20}} = \dfrac{1}{10^{20}}$

(5) $A_p = 10^{\frac{G_p}{10}} = 10^{\frac{20}{10}} = 100$

(6) $A_p = 10^{\frac{G_p}{10}} = 10^{-\frac{20}{10}} = 0.01$

3 (1) $G_i = 20 \log_{10} A_i = 20 \log_{10} 10000 = 20 \times 4 = 80 \,\text{dB}$

(2) $G_v = 20 \log_{10} A_v = 20 \log_{10}(8 \times 10^{10}) \fallingdotseq 20 \times 10.9 = 218 \,\text{dB}$

(3) $G_p = 10 \log_{10} A_p = 10 \log_{10} 200 \fallingdotseq 10 \times 2.30 = 23.0 \,\text{dB}$

4 (a) について

増幅度：$A_p = 10 \times 10 \times 100 = 10000$ 倍

利得：$G_p = 10 \log_{10} A_p = 10 \log_{10} 10000 = 40 \,\text{dB}$

(b) について

利得：$G_p = 20 + 30 + 50 = 100 \,\text{dB}$

増幅度：$A_p = 10^{\frac{G_p}{10}} = 10^{\frac{100}{20}} = 1 \times 10^{10}$ 倍

3章 FET回路

練習問題12

1 (1) (a) 自己バイアス回路
(b) 固定バイアス回路

(2) 安定度がよい。電源が1個で済む

(3) $R_S = \dfrac{V_S}{I_D} = \dfrac{-V_{GS}}{I_D} = \dfrac{2}{5\times 10^{-3}} = 400\,\Omega$

$R_D = \dfrac{0.5(V_{DD}-V_S)}{I_D} = \dfrac{0.5\cdot(10-2)}{5\times 10^{-3}}$
$= 800\,\Omega$

R_G は，$500\,\mathrm{k}\Omega \sim 2\,\mathrm{M}\Omega$ 程度

2 (1) V_{GS}-I_D 特性において，I_D がゼロになる V_{GS} の値

(2) V_{GS}-I_D 特性において，V_{GS} がゼロになる I_D の値

3 (1) トランジスタは，温度が上昇すると電流増幅率 h_{fe} が増加する正の温度特性を持っている。このため，温度上昇に伴って，コレクタ電流 I_C が増加することで，トランジスタの温度がさらに上昇する悪循環が生じる現象。

(2) FETは，温度が上昇するとドレイン電流 I_D が減少する負の温度特性を持っているため，トランジスタのような熱暴走は生じない。

練習問題13

1 ① H ② B ③ A
④ E ⑤ C

2 (1) 自己バイアス回路
(2)

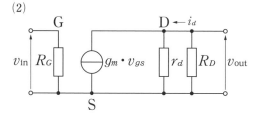

(3)

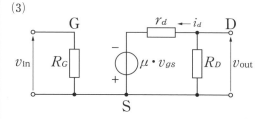

練習問題14

1 (1) $R_D = \dfrac{0.5(V_{DD}-V_S)}{I_D} = \dfrac{0.5\cdot(9-0.8)}{5\times 10^{-3}}$
$= 820\,\Omega$

$R_S = \dfrac{V_S}{I_D} = \dfrac{0.8}{5\times 10^{-3}} = 160\,\Omega$

$R_1 = 1\,\mathrm{M}\Omega$ 程度の高抵抗

(2) $A_v = -g_m\cdot R_D = -5\times 10^{-3}\times 820 = -4.1$
$G_v = 20\log_{10}|A_v| = 20\log_{10}4.1 \fallingdotseq 12.3\,\mathrm{dB}$

2 (1)

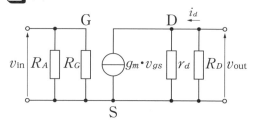

(2) 等価回路から，入力インピーダンス Z_in は，抵抗 R_A と R_G の並列合成抵抗となることがわかる。抵抗 R_G は高抵抗だが，R_A が並列に接続されることで，Z_in は小さくなる。

練習問題15

1 $|A_{vf}| = \dfrac{g_m\cdot R_D}{1+g_m\cdot R_S}$ より，

$g_m = \dfrac{|A_{vf}|}{R_D - |A_{vf}|\cdot R_S}$

$= \dfrac{3}{1000-3\times 200} = 0.0075\,\mathrm{S} = 7.5\,\mathrm{mS}$

2 (1) 減少する

(2) 入力側から見ると，帰還抵抗 R_f が抵抗 R_G と並列に入るため，入力インピーダンスは低下する（p.105解答(2)の図参照）。

(3) 出力側から見ると，帰還抵抗 R_f が抵抗 R_D, r_d と並列に入るため，出力インピーダンスは低下する（p.105解答(2)の図参照）。

4章 各種の増幅回路

練習問題16

1 (1) オームの法則やキルヒホッフの法則を適用して確認できる。

(2) $V_E = V_{CE} = \dfrac{V_{CC}}{2} = \dfrac{9}{2} = 4.5$ V

$I_B = \dfrac{I_C}{h_{FE}} = \dfrac{4 \times 10^{-3}}{200} = 200 \times 10^{-6}$ A

$R_A = \dfrac{V_{CC} - (V_E + V_{BE})}{I_A + I_B}$

$= \dfrac{9 - (4.5 + 0.5)}{(10 \times 200 + 200) \times 10^{-6}}$

$\fallingdotseq 1818 \,\Omega$

$R_B = \dfrac{V_E + V_{BE}}{I_A} = \dfrac{4.5 + 0.5}{10 \times 200 \times 10^{-6}}$

$= 2500 \,\Omega$

$R_E = \dfrac{V_E}{I_C} = \dfrac{4.5}{4 \times 10^{-3}} = 1125 \,\Omega$

(3) p.111 例題 **2** の(4)で導出している。

(4) $A_v = \dfrac{R_E \cdot (1 + h_{fe})}{h_{ie} + R_E \cdot (1 + h_{fe})}$

$= \dfrac{1125 \cdot (1 + 200)}{3000 + 1125 \cdot (1 + 200)} \fallingdotseq 0.987$

(5) 電圧フォロア回路として機能する。(4)より，電圧増幅度 A_v は約1になっていることが確認できる。

練習問題17

1 (1) $I_{C1} = I_{C2}$ なので，入力信号を同相で同じ振幅として，$v_{\text{in}1}$，$v_{\text{in}2}$ の端子をそれぞれ短絡して考える。

$V_E = V_{EE} - V_{BE} = 10 - 0.6 = 9.4$ V

$V_R + V_{CE} = (V_{CC} + V_{EE}) - V_E$

$= (10 + 10) - 9.4 = 10.6$ V

条件 $V_R = V_{CE}$ より，

$V_R = \dfrac{1}{2} \cdot (V_R + V_{CE}) = \dfrac{1}{2} \times 10.6 = 5.3$ V

$R = \dfrac{V_R}{I_{C1}} = \dfrac{5.3}{4 \times 10^{-3}} = 1325 \,\Omega$

$R_E = \dfrac{V_E}{I_E} = \dfrac{V_E}{I_{C1} + I_{C2}} = \dfrac{9.4}{2 \cdot (4 \times 10^{-3})}$

$= 1175 \,\Omega$

(2) $v_{\text{out}} = -\dfrac{h_{fe}}{h_{ie}} \cdot R \cdot (v_{\text{in}1} - v_{\text{in}2})$

$= -\dfrac{200}{3 \times 10^3} \cdot 1325 \cdot (2.5 - 2.0)$

$\fallingdotseq -44.17$ V

2 それぞれの CMRR を計算する。

$\text{CMRR}_A = \dfrac{|A_{vd}|_A}{|A_v|_A} = \dfrac{60.8}{5.5} \fallingdotseq 11.1$

$\text{CMRR}_B = \dfrac{|A_{vd}|_B}{|A_v|_B} = \dfrac{72.3}{8.2} \fallingdotseq 8.8$

$\text{CMRR}_A > \text{CMRR}_B$ なので，差動増幅回路 A が高性能である。

練習問題18

1 A級増幅回路②
B級増幅回路③

2 ②

3 $h_{fe} = h_{fe1} \times h_{fe2} = 120 \times 140 = 16{,}800$

① コレクタ

② ベース

③ エミッタ

5章 オペアンプ回路

練習問題19

1 (1) $G_v = 20 \log A_v$ である。
100 Hz：$90 = 20 \log A_{v1}$ より，$A_{v1} \fallingdotseq 31600$
100 kHz：$30 = 20 \log A_{v2}$ より，$A_{v2} \fallingdotseq 31.6$

(2) 100 Hz：$A_{v1} \times f_1 = 31600 \times 100\,\text{Hz}$
$= 3160\,\text{kHz}$
100 kHz：$A_{v2} \times f_2 = 31.6 \times 100\,\text{kHz}$
$= 3160\,\text{kHz}$

(3) あるオペアンプ回路についての利得帯域幅積(GB積)は，ほぼ一定値になる。

(4) ②

2 ① 大きい程よい
② 大きい程よい
③ 小さい程よい
④ 大きい程よい
⑤ 大きい程よい

練習問題20

1 (1) $v_\text{in} = i \cdot R_1$

(2) $v_\text{out} = i \cdot (R_1 + R_2)$

(3) $A_{vf} = \dfrac{v_\text{out}}{v_\text{in}} = \dfrac{i \cdot (R_1 + R_2)}{i \cdot R_1} = 1 + \dfrac{R_2}{R_1}$

2 (1) 反転増幅回路

(2) $|A_{vf}| = \left|\dfrac{R_2}{R_1}\right| = 3$ より，

$\dfrac{R_2}{5\,\text{k}\Omega} = 3$, $R_2 = 15\,\text{k}\Omega$

(3)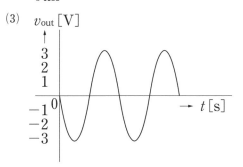

練習問題21

1 (a) ローパスフィルタ回路
最大利得
$G_{vf} = 20 \log \dfrac{R_2}{R_1} = 20 \log \dfrac{100}{20} \fallingdotseq 13.98\,\text{dB}$

遮断周波数
$f_c = \dfrac{1}{2\pi C R_2}$
$\fallingdotseq \dfrac{1}{2 \times 3.14 \times 0.02 \times 10^{-6} \times 100 \times 10^3}$
$\fallingdotseq 79.62\,\text{Hz}$

(b) ハイパスフィルタ回路
最大利得
$G_{vf} = 20 \log \dfrac{R_2}{R_1} = 20 \log \dfrac{210}{30} \fallingdotseq 16.9\,\text{dB}$

遮断周波数
$f_c = \dfrac{1}{2\pi C R_1}$
$\fallingdotseq \dfrac{1}{2 \times 3.14 \times 0.03 \times 10^{-6} \times 30 \times 10^3}$
$\fallingdotseq 176.93\,\text{Hz}$

2 この回路は，前段のローパスフィルタ回路と後段のハイパスフィルタ回路が接続されている。このため，バンドパスフィルタ回路として動作する。高域側と低域側の遮断周波数は，前段，後段それぞれのフィルタ回路の定数を用いて計算できる。

3 オペアンプを用いたローパスフィルタ回路とハイパスフィルタ回路を組み合わせたバンドパスフィルタ回路である。
最大利得
$G_{vf} = 20 \log \dfrac{R_2}{R_1} = 20 \log \dfrac{200}{50} \fallingdotseq 12.04\,\text{dB}$

高域側

$$f_{c\ell} = \frac{1}{2\pi C_2 R_2}$$

$$\fallingdotseq \frac{1}{2 \times 3.14 \times 0.005 \times 10^{-6} \times 200 \times 10^3}$$

$$\fallingdotseq 159.24 \, \text{Hz}$$

低域側

$$f_{ch} = \frac{1}{2\pi C_1 R_2}$$

$$\fallingdotseq \frac{1}{2 \times 3.14 \times 0.03 \times 10^{-6} \times 50 \times 10^3}$$

$$\fallingdotseq 106.16 \, \text{Hz}$$

6章 発振回路

練習問題22

1 ① 位相　② 入力　③ 同相
　④ 利得　⑤ 飽和出力
　⑥ 帰還　⑦ 増幅度
　⑧ 1以上

2 $A_v \cdot F \geq 1$ より　$A_v \cdot 0.4 \geq 1$
　　　　　　　　$A_v \geq 2.5$

3 (1)

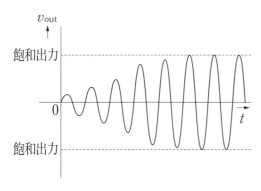

(2) 発振回路内の増幅回路には入力電圧を加えてはいない。しかし，電源を投入すると，トランジスタ内部などで発生する雑音が増幅回路から出力される。この雑音が入力側に正帰還されることで，入力電圧となり，発振が引き起こされる。

4 RC発振回路，LC発振回路，水晶発振回路，電圧制御発振回路などがある。

練習問題23

1 ① $|A_v| \geq |-29|$, $f = \dfrac{1}{2\pi\sqrt{6}RC}$

　② $|A_v| \geq |-29|$, $f = \dfrac{\sqrt{6}}{2\pi RC}$

　③ $|A_v| \geq |-3|$, $f = \dfrac{1}{2\pi RC}$

2 (1) RC移相発振回路（遅相形）
(2) オペアンプ反転増幅回路
(3) $\left|\dfrac{R_2}{R_1}\right| = \left|\dfrac{1 \times 10^6}{R_1}\right| \geq 29$ より

$$R_1 \leq \dfrac{1 \times 10^6}{29} \fallingdotseq 34483\,\Omega$$

(4) $f = \dfrac{\sqrt{6}}{2\pi RC}$

$\fallingdotseq \dfrac{2.45}{2 \times 3.14 \times 100 \times 10^3 \times 0.05 \times 10^{-6}}$

$\fallingdotseq 78\,\mathrm{Hz}$

(5) $C = \dfrac{\sqrt{6}}{2\pi R_f}$

$\fallingdotseq \dfrac{2.45}{2 \times 3.14 \times 100 \times 10^3 \times 1 \times 10^3}$

$\fallingdotseq 0.004\,\mu\mathrm{F}$

練習問題24

1 (1) ピアスBE（ハートレー形）発振回路
(2) コイル
(3) 周波数選択性や周波数安定度

2 (1) ハートレー発振回路

(2) $f = \dfrac{1}{2\pi\sqrt{(L_1+L_2)\cdot C_3}}$

(3) $h_{fe} \geq \dfrac{L_2}{L_1}$

(4) $f = \dfrac{1}{2\pi\sqrt{(L_1+L_2)\cdot C_3}}$ の両辺を二乗してルートを外す。

$f^2 = \dfrac{1}{4\pi^2(L_1+L_2)\cdot C_3}$

$C_3 = \dfrac{1}{4\pi^2(L_1+L_2)\cdot f^2}$

練習問題25

1 (1) 分周比 m と n によって出力周波数を変化させることが可能であり，かつ出力周波数の安定度が高い。

(2) A：分周回路
B：位相比較回路
C：LPF回路
D：VCO回路
E：分周回路

(3) B，C，E，D

(4) 入力された信号の周波数を，任意の分周比で分割して出力する。

(5) $f_0 = \dfrac{m}{n} \cdot f_s$

2 $f_0 = \dfrac{m}{n} \cdot f_s$ より，$n = m \cdot \dfrac{f_s}{f_0} = 2 \times \dfrac{640}{80}$
$= 16$

3 $f_0 = \dfrac{m}{n} \cdot f_s$ より，$f_s = \dfrac{n}{m} \cdot f_0 = \dfrac{128}{32} \times 320$
$= 1280 \, \text{kHz}$

浅 川　　毅（あさかわ　たけし）博士（工学）
　　学歴　東京都立大学大学院工学研究科博士課程修了
　　職歴　東海大学電子情報学部　講師（非常勤）
　　　　　東京都立大学大学院工学研究科　客員研究員
　　　　　東海大学情報理工学部　教授
　　著書　「論理回路の設計」コロナ社
　　　　　「コンピュータ工学の基礎」東京電機大学出版局
　　　　　「H8マイコンで学ぶ組込みシステム開発入門」電波新聞社
　　　　　　　　　　　　　　　　　　　　　　　　　　　　　　ほか

堀　桂太郎（ほり　けいたろう）博士（工学）
　　学歴　日本大学大学院 理工学研究科 博士後期課程情報科学専攻修了
　　職歴　国立明石工業高等専門学校　電気情報工学科教授
　　著書　「絵ときディジタル回路の教室」オーム社
　　　　　「図解論理回路入門」森北出版
　　　　　「よくわかる電子回路の基礎」電気書院　　　　　　　ほか

アナログ回路ポイントトレーニング　　　　　　Ⓒ浅川・堀　2019

2019年10月1日　第1版第1刷発行

　　　著　者　浅　川　　　毅
　　　　　　　堀　　桂太郎
　　　発行者　平　山　　勉
　　　発行所　株式会社　電波新聞社
　　　〒141-8715 東京都品川区東五反田1-11-15
　　　電　話　03-3445-8201
　　　振　替　東京00150-3-51961
　　　URL　　http://www.dempa.co.jp

　　　DTP　　　株式会社 タイプアンドたいぽ
　　　印刷製本　株式会社 フクイン

本書の一部あるいは全部を、著作者の許諾を得ずに無断で複写・複製することは禁じられています。

Printed in Japan　　　　　　　　　　　落丁・乱丁本はお取替えいたします。
ISBN978-4-86406-037-0　　　　　　　　定価はカバーに表示してあります。

初学者でもわかりやすいスーパー解法シリーズ

豊富な例題で解法を実践学習する

第1弾 電気回路 ポイントトレーニング

浅川 毅・堀 桂太郎 共著

<本書の主な内容>
- 第1章 直流回路の基礎
- 第2章 直流回路の計算
- 第3章 交流回路の基礎
- 第4章 交流回路の計算
- 第5章 記号法による交流回路の計算法
- 第6章 三相交流回路と非正弦交流

B5判 本文240ページ
定価 2,200円(税別)
好評発売中！

第2弾 アナログ回路 ポイントトレーニング

浅川 毅・堀 桂太郎 共著

<本書の主な内容>
- 第1章 電子デバイスの基礎
- 第2章 トランジスタ回路
- 第3章 FET回路
- 第4章 各種の増幅回路
- 第5章 オペアンプ回路
- 第6章 発振回路

B5判 本文202ページ
定価 2,100円(税別)
好評発売中！

第3弾 ディジタル回路 ポイントトレーニング

浅川 毅・堀 桂太郎 共著

<本書の主な内容>
- 第1章 2進数と論理回路
- 第2章 論理式の簡単化
- 第3章 組合せ回路
- 第4章 フリップフロップ
- 第5章 順序回路
- 第6章 アナログ/ディジタル交換

B5判 本文192ページ
定価 2,000円(税別)
近日刊行予定

株式会社 電波新聞社
〒141-8715 東京都品川区東五反田1-11-15
代表 Tel: 03-3445-6111

[お問い合わせ、ご注文] 販売管理部 Tel: 03-3445-8201/ Fax: 03-3445-6101
※全国の書店でお求めになれます。お近くに書店のない方、お忙しい方には代金引換サービスもご利用いただけます。